产品设计思维与表达研究

秦 悦◎著

吉林出版集团股份有限公司
全国百佳图书出版单位

图书在版编目（CIP）数据

产品设计思维与表达研究 / 秦悦著 . -- 长春：吉林出版集团股份有限公司，2022.11

ISBN 978-7-5731-2463-0

Ⅰ.①产… Ⅱ.①秦… Ⅲ.①产品设计－研究 Ⅳ.① TB472

中国版本图书馆 CIP 数据核字 (2022) 第 216569 号

CHANPIN SHEJI SIWEI YU BIAODA YANJIU

产品设计思维与表达研究

著　者	秦　悦
责任编辑	王丽媛
装帧设计	白白古拉其
出　版	吉林出版集团股份有限公司
发　行	吉林出版集团社科图书有限公司
地　址	吉林省长春市南关区福祉大路 5788 号　邮编：130118
印　刷	北京四海锦诚印刷技术有限公司
电　话	0431-81629711（总编办）
抖音号	吉林出版集团社科图书有限公司 37009026326

开　本	787 mm×1092 mm　1 / 16
印　张	11.25
字　数	256 千
版　次	2023 年 5 月第 1 版
印　次	2023 年 5 月第 1 次印刷

书　号	ISBN 978-7-5731-2463-0
定　价	58.00 元

前　言

　　设计是人类对创新活动的计划和策划，是将知识、技术、文化和创意转化为产品、工程、经营和服务的先导和转变，决定着制造和服务的品质和价值。设计推动了人类文明的进步，也必定随之而进化。知识网络时代，传统的工业设计已经无法满足经济社会的新需求，它必须进化为创新设计。创新设计以网络智能、共创分享、绿色低碳为特征，融科学技术、文化艺术、服务模式创新为一体，以产业和社会为主要服务对象，是科技成果转化为现实生产力的关键环节。

　　产品创新设计是实现从跟踪模仿到引领跨越的突破口，也是产业和产品创新链的起点、价值链的源头。当前，以信息、能源、材料、生物等技术为主导的技术创新与以互联网、智能化为特征的产业创新、社会创新，将成为推动新一轮全球经济增长和产业结构升级的引擎和动力，而创新设计正是将引擎和动力装入列车的关键环节。思维人人有，然而大家的思维水平却高低不一，总会存在思维盲点。我们的大脑需要不断开发，通过开发训练大脑思维潜能，达到培养提高人的开发能力、创新能力和创造能力的目的。创意始终依赖于设计者的创造性联想。联想是创意的关键，是创新思维的基础。

　　随着科学技术的发展，人们生活水平的提高，人们的物质生活逐渐丰富，人们的需求已不再仅仅满足于产品的使用功能，对于产品的外形、新颖的功能均予以关注。因此，创新设计对产品来说尤为重要。任何产品的问世，都是按照一定的规范标准，经过严格的程序和要求实施完成的，受到现有的技术条件、工艺流程、材料、成本核算等诸多方面的制约。只有在此范围内进行产品的研制、改进、创新和开发，最大限度地发挥创造力，使之成为易于生产、低成本、高利润、新颖独特，消费者喜爱并有一定市场份额的产品，才是优秀的设计。

　　本书从产品设计的概念入手，首先分析了产品设计的美学价值，在此基础上对产品设计的原则与程序、方式与方法、创意思维原理与创新、思维的方法与训练做了具体研究，最后针对产品创新设计表达方式及产品设计创意思维表达进行了阐述。书中语言简洁、知识点全面、结构清晰，对产品创新设计思维与表达进行了全面且深入的分析与研究，充分体现了科学性、发展性、实用性、针对性等特点，希望其能够成为一本为相关研究提供参考和借鉴的专业学术著作，供人们阅读。

目 录

第一章　产品设计简述

第一节　产品设计概念

一、产品

　　"产品"一词由来已久，内涵颇为丰富，一般指物质生产领域的劳动者所创造的物质资料。在《现代汉语词典》当中，"产品"被解释为"生产出来的物品"，也可从狭义和广义两个角度来解释。

　　狭义的产品被理解为"被生产出来的物品"。人们通常把产品理解为某种物质形状、能提供某种用途的物质实体，仅仅指产品的实际效用。企业在生产或设计产品的时候，往往只注意产品品质的改进而忽视消费者的需求，这种观念长时期内在企业的生产实践中起到主导作用。

　　广义的产品概念是指一切能满足消费者某种利益和欲望的物质产品和非物质产品形态的服务。20世纪60年代末以后，在第三次科技革命的推动下，生产日益科学化、自动化、高速化、连续化，产品的花色品种日新月异，一些企业逐渐摆脱了传统产品概念的束缚，通过在款式、品牌、包装、售后服务等各方面创造差异来赢得竞争优势，使得产品概念的内涵被扩大了。产品被理解为具有使用价值、能够满足人们的物质需要或精神需要的劳动成果，包括物质资料、劳务和精神产品，是可以满足人们需求的载体。简言之，"产品 = 有形物品 + 无形服务"。有形物品包括产品实体及其品质、特色、款式、品牌和包装；无形服务包括可以给买主带来附加利益和心理上的满足感及信任感的售中及售后服务、保证、产品形象、销售者声誉等。广义的产品概念可以从三个层次来理解，即核心产品、形式产品、延伸产品。

　　核心产品是指整体产品提供给购买者的直接利益和效用。这是产品整体概念中最基本和最实质的层次，它指产品给顾客提供的基本效用和利益，是消费者需求的中心内容。消费者之所以愿意支付一定的货币来购买产品，首先是由于产品的基本效用，消费者拥有它，就能够从中获得某种利益或欲望的满足。

形式产品是指产品在市场上出现的物质实体外形，包括产品的品质、特征、造型、商标和包装等。具有相同效用的产品，其表现形态可能有较大的差别。因此，设计师在进行产品设计的同时，除了要考虑、重视用户所追求的核心利益外，也要以独特的形式来吸引消费者。

延伸产品是指整体产品提供给顾客的一系列附加利益，包括运送、安装、维修、保证等在消费领域给予消费者的好处。随着科学技术日新月异以及企业生产和管理水平的提高，不同企业提供的同类产品在实质和形式产品层次上越来越接近，而延伸产品也在市场竞争中起着越来越重要的作用。

二、产品设计

（一）产品设计的界定

设计，是一种有目的、有意识的创造性的活动，是要解决人类如何合理地生产和制造物品的问题。设计师主要处理人与物之间的关系，解决人们生活中遇到的各种问题，协调人与人、人与物、人与社会之间的关系。产品设计是在现代社会下为满足人们日益增长的物质、精神文化需要应运而生的。

产品设计，是指从确定产品设计任务书到确定产品结构的一系列技术工作的准备和管理，主要是解决产品与人之间的关系，其目标是实现机能和美的统一。设计师把产品或产品系统中不符合人的使用目的的因素除去，使之达到满足现代人类生理和心理需求，是为了使人们的生活更加便利、高效和美好，为人们创造一个美好的生活环境，向人们提供一个新的生活模式。产品设计可以改善人的工作条件，提高人的工作效率；产品设计可以促进人的生活质量提高，为人提供更好的学习条件，替代或延伸人的智力与体力，最终促进人与产品之间共存与和谐发展。

作为一个日趋完善的专业体系，产品设计经历了近一个世纪的发展过程，它是一项融科学和艺术为一体、综合性的多边学科，是运用创造性的设计思维方法将造型美学、工程技术、生产制造、市场营销与系统决策相结合的产物。由于产品设计阶段要全面确定整个产品的结构、规格，从而确定整个生产系统的布局，因而，产品设计的意义重大，具有"牵一发而动全身"的重要意义。如果一个产品的设计缺乏生产观点，那么生产时就将耗费大量费用来调整和更换设备、物料和劳动力。相反，好的产品设计，不仅表现在功能上的优越，更要便于制造，从而使产品的综合竞争力增强。许多在市场竞争中占优势的企业都十分注意产品设计的细节，以便设计出造价低而又具有独特功能的产品。许多发达国家的公司都把设计看作热门的战略工具，认为好的设计是赢得顾客的关键。

（二）产品设计的分类

产品设计分类的目的在于能更好地了解具有相同性质的产品属性，把握其一般规律，有利于指导产品设计能符合产品性质及特点，能更好地把握产品设计目标。根据产品的性质，分类如下：

1. 按产品使用领域分类

（1）生产性产品

生产性产品是用来帮助人们生产的产品。例如，雕刻机就是一种生产性产品。雕刻机是一种通过电脑控制将各种造型的图案、文字雕琢成型的机器，广泛应用于广告业、工艺业、模具业、建筑业、印刷包装业、木工业、装饰业等。

（2）工作性产品

工作性产品是用来帮助人们工作的产品。如医生用的听诊器、会计用的计算器和验钞机、设计师用的手写板等。

（3）生活性产品

生活性产品是用来帮助人进行日常生活与学习的消费产品。生活性产品包括家庭消费产品，如家用电器、厨具和洁具等；个人生活用品，如剃须刀、写字笔和手表等；交通工具，如汽车、自行车、公共汽车等。

上述产品设计的分类并不是绝对的，生产性产品与工作性产品有时可属于一个范围，工作性产品与生活性产品有时也混同为一个范围，如计算机用于办公室时是工作产品，用于家庭学习娱乐时就成了生活性产品。

2. 产品设计按照我国行业分类

产品设计可分为重工业产品与轻工业产品。

重工业是指为国民经济各部门提供物质技术基础的主要生产资料的工业。重工业产品则是为提供物质生产资料工业而生产的产品，如机床和发电机等。

轻工业是指主要提供生活消费品和制作手工工具的工业，包括食品、造纸、家电等，是涵盖衣、食、住、行、用、娱乐等消费领域的产业组合群，是满足人民物质文化生活水平日益提高的民生产业。因此，轻工业产品包含种类繁多，如家用产品，包括家用电器和厨具等；办公产品，包括文具和通信产品等；日用电子产品，包括电脑、数码相机等；医疗产品，包括按摩椅、医用产品等。

（三）产品设计的基本原则

产品设计是理性与感性相结合的创造性活动，既受工业制造技术的限制，又受经济条件的制约。产品设计不是纯艺术的创作，而是设计师考虑多方面的要求，在理性思维的指导下，遵循相应的现实约束条件和基本的产品设计原则进行的产品设计活动。这种基本原则主要有以下六点：

1. 创新原则

创新是产品设计的关键。人类造物的历史就是不断创新的历史，尤其是现代经济社会，物质的高度丰富和市场竞争的日益激烈，产品必须以创新占领市场，赢得客户，满足人们求新求异、与众不同的消费心理，提供多样性的产品。

产品设计的创新性原则要求产品在功能上有所提升或出现新的组合，又或采用新的加工工艺和材料、新技术等。为了满足社会发展的需要，开发先进的产品，加速技术进步是关键。为此，设计师必须加强对国内外技术发展的调查研究，有计划、有选择、有重点地引进世界先进技术和产品，赢得时间，尽快填补技术空白以便取得优秀的设计成果。

2. 美观原则

美观是产品精神功能的体现。审美是人与生俱来的特性。在经济高度发展，产品供过于求的时代，追求美观的产品是人消费行为的重要特征。设计师通过设计创造美的产品，使产品更能吸引消费者，才能提升产品的附加值，提升市场竞争力。

3. 可行原则

产品设计应在现代化工业生产中具有可行性。产品设计可行主要是指产品自设计之后，由产品计划转化为产品和商品，到废品的可行性。在现实条件下，不仅要使产品能够制造，符合成型工艺，还要保证产品安装、拆卸、包装与运输、维修与报废回收的可行。生产工艺对产品设计的最基本要求，就是产品结构应符合工艺原则，也就是说在规定的产量规模条件下，能采用经济的加工方法，制造出合乎质量要求的产品。这就要求所设计的产品结构能够最大限度地降低产品制造的劳动量，减轻产品的重量，减少材料消耗，缩短生产周期和降低制造成本，以便使生产出的产品可行、实用。

4. 使用优先原则

新产品要为社会所承认，并能取得经济效益，就必须从市场和用户需要出发，充分满足使用优先原则。首先，要注意使用优先的安全性。设计产品时，必须对使用过程的种种不安全因素采取有效措施，加以防止和防护。同时，设计还要考虑产品的人机工程性能，易于改善使用条件。然后，要考虑使用优先的可靠性。可靠性是指产品在规定的时间内和预定的使用条件下正常工作的概率。可靠性与安全性相关联，可靠性差的产品，会给用户带来不便，甚至造成使用危险，使企业信誉受损。

5. 经济效益原则

经济效益原则主要体现在对设计与制造成本的控制。首先，产品设计直接决定了产品生产成本的高低。设计决定了成型工艺、材料、表面涂饰工艺和生产过程成本的高低。不同的设计方案，其模具成本各不相同。所以，在设计产品结构时，一方面要考虑产品的功能、质量，另一方面要顾及原料和制造成本的经济性。其次，经济原则不仅仅意味着降低产品生产成本，要根据产品造型效果、质量水准和性能水准等将价格控制在适当的水平，即所谓的价格性能比和价格质量比等要达到最优。经济的产品设计可以解决顾客所关心的各种问题，如产品功能如何、手感如何、是否容易装配、能否重复利用、产品质量如何等，同时，也可以节约能源和原材料、提高劳动生产率、降低成本等。

6. 环保原则

环保是当代产品设计必须关注的一个话题。环保原则，就是产品设计必须考虑到产品在制造过程中消耗最低，排出污染最少；产品在使用过程中能源消耗最低；产品在报废后形成污染最少或报废后可利用回收用于再生资源。进入 21 世纪以来，人类越来越关注自身生存环境问题，对产品的环保期望值和要求也逐步提高。环保产品成为新时代产品设计界的新宠，重新影响着人们的生活。与传统型产品不同，环保产品更注重产品的生命周期各阶段对环境的直接影响，这就要求产品设计师紧抓这一原则，设计出适应社会发展需要的产品。

（四）产品设计的发展历程

伴随着文明的发展，人类的设计活动由来已久。纵观历史发展的长河，可以将人类设计活动的历史分为三个阶段：产品设计的萌芽阶段、手工艺设计阶段和现代工业设计阶段。

1. 产品设计的萌芽阶段

设计的萌芽阶段从旧石器时代一直延续到新石器时代。

设计的萌芽可以追溯到旧石器时代。远古时代，人类的生存环境极为残酷，人们不但遭受洪水、严寒等自然灾害的威胁，还常常遭到野兽的袭击。因此，人类最早的设计工作就是在受威胁的情况下为保护生命安全而开始的。产品的质量决定了人们的生命安全，因而，这一时期的产品设计往往是成功的。如果设计失误，后果将是致命的。因此，这些失误会马上得到纠正。经过无数次反复修改，早期人类的设计在当时的物质条件下达到了很高的水平，人类的设计也就此发展起来。

世界上最早的石器是在非洲的坦桑尼亚发现的，距今有 300 万 ~ 50 万年，现藏于大英博物馆。受到当时技术以及材料的限制，这类工具通常比较粗糙。此后，随着历史的发展，人类进入了新石器时代。人们把经过选择的石头打制成石斧、石刀、石铲、石凿等各种工具，并加以磨光，使其工整锋利，还要钻孔用以装柄或穿绳，以提高实用价值。例如，用作武器的石器的基本形状大致相同，但有不同的尺寸系列。小的是箭头，较大的则被用作矛头，这些武器都是根据猎物的不同种类而设计出来的。新石器时代的石质矛头是在澳大利亚西北部发现的新石器时代的石质矛头，这些设计已经体现了一定程度的标准化，而且做工也精细，美观了很多。将实用与美观结合起来，赋予物品物质和精神的双重作用，是人类设计活动的一个基本特点。原始先民已能有意识地、有控制地寻找、塑造一定的形体，使之适应于某种生产或生活的需要，这些形体作为有意识的物化形态，体现了功能性与形式感的统一。

2. 手工艺设计阶段

距今七八千年前一直延续到工业革命前，是设计的手工艺阶段。

受到生产方式和生产力水平的局限，设计的产品大都是功能简单的生活用品，如陶器、瓷器、家具等，主要依靠手工劳动，一般是以个人或封闭式的小作坊为生产单位，设计者和生产者往往都是同一人。由于设计、生产、销售一体化，设计者与消费者之间彼此了解，使设计者有一种对产品使用者高度负责的态度，因此产生了众多优秀的设计作品。在数千年漫长的发展历程中，人类创造了光辉灿烂的手工艺设计文明，各地区、各民族都形成了具有鲜明特色的设计传统。在设计的各个领域，如陶器、青铜器、漆器、瓷器、家具等方面都留下了无数的杰作，这些丰富的设计文化正是我们今天工业设计发展的重要源泉。

（1）陶器

陶器的发明标志着人类开始通过化学变化改变材料特性，也标志着人类手工艺设计阶段的开端。它是人类第一次运用和改变物质的性质而生产的生活工具，不仅为人们的生活提供了诸多便利，也改变了人类的生存和生活方式。

陶器是用黏土或陶土捏制成形后烧制而成的器具。作为一种古代常用的生活用品，陶器在新石器时代就已经出现简单粗糙的成品。其制作方法一般包括手捏法、盘筑法、轮制法。其中，人们最为熟悉的轮制法在仰韶文化时期已经出现，其结构简单，转动很慢。

这一时期的陶器类型包括彩陶、黑陶、泥质灰陶和几何印纹陶。其器皿风格粗犷，一般为灰、白、红和黑色。陶器表面加工也有多种方法：有用平滑的石头在陶坯上压模使之光滑的压模法；有施加陶衣，进而加以绘制的彩绘法；有用特质工具在陶坯上压出绳纹或条纹的压印法；还有增加美观度的堆贴和刻画等多种加工方式。由于人类生活和劳动的需要，产品的功能作为设计的基本要素在产品设计中起到了决定作用。

除了基本功能之外，陶器设计还赋予了器物精神功能。纹饰，就是最典型的精神象征。在多数场合下，纹饰不仅仅是一种装饰表现，也具有象征意义，是一定人群或事物的特殊标志。因此，陶器的装饰艺术水平很高，既实用又美观。装饰图案多采用几何纹，如水涡纹，以及渔网、树叶等图案的延续和变化，还有大量的鱼纹、蛙纹、植物果实、花朵的描绘。在器形完成的基础上，图案的千变万化也充分体现了原始人类对生活的热情和非凡的艺术才华，在功能、造型和装饰三方面达到了完美统一。

（2）青铜器

青铜器是由青铜合金（铜与锡的合金）制成的器具。中国古代的青铜器制作精美，在世界青铜器中享有极高的声誉和艺术价值，代表着中国手工艺产品的技术和文化。青铜在我国商代得以广泛应用，汉代铜器已向生活日用器皿方面发展。

青铜器的制作方法主要有熔铸法、失蜡法。熔铸法制作青铜器首先要制范，有了规范，人们便可以铸造出形式和尺寸完全一样的规范化产品，如兵器、铸币等。熔铸法的发明，使人们可以随意制造出各种不同形式的铜器，并体现出青铜材料的特点。到了战国时期，失蜡法出现。失蜡法是用蜡制成器形，然后用泥填充和加固，待干后再倒入铜液，蜡受热后熔成液体流出，原来有蜡处即形成铸造物。用失蜡法铸造的青铜器花纹精细，表面光滑，精度很高，这是我国古代金属铸造工艺的一项伟大发明，且至今仍为精密铸造法的一种方式。

（3）漆器

用漆涂在各种器物表面上所制成的日常器具及工艺品、美术品被称为漆器。表面被涂过漆的胎体经过反复多次的髹涂后，不仅坚固耐用，多样的装饰也使器物色彩华丽。在中国，从新石器时代就认识到漆的性能并用来制作器具，汉代的漆器技艺达到了顶峰。

汉代，漆器生产已经有了专门的机构管理和明确的细致分工，体现了多样化的统一设计理念。例如，考虑到食器、酒器使用的方便、放置的容积等都是成套设计的，图案也在变化中有着统一的规律，极富装饰性。此外，漆器的包装设计也颇具匠心，如多子盒，也称多件盒，往往有九子、十一子，即在一个大圆盒中，容纳不同形状的小盒，既节省空间又美观协调。我国长沙出土的双层九子漆奁（奁，是盛梳妆用品的容器），分为上下两层，下层有凹槽九个，分别放置圆形、椭圆形、马蹄形和矩形小盒九个，小盒内分别盛放梳妆用具和胭脂一类的化妆品，不仅形状多变，在整体设计中也考虑到了一致性，体现了很高的艺术价值。

漆器的制作工艺复杂、精细，成品光彩照人，具有非常高的艺术价值。如中国传统漆器的品种——螺钿，用经过研磨、裁切的贝壳薄片作为镶嵌纹饰，点、线、面结合，以精细的工艺贴于漆器底上，或以金银丝、片、屑做装饰，灿若红霞，精致纤巧。

（4）瓷器

瓷器是一种由瓷石、高岭土等制成，外表施有釉或彩绘的物器。中国是瓷的故乡，瓷器的设计与制造工艺世界闻名，英文"china"（瓷器）已成为"中国"的代名词，可以说，中华民族的发展史就是一部瓷器的发展史。我国一般把"陶"和"瓷"区分出来，通常把胎体没有致密烧结的黏土统称为陶器，其中，把烧制温度高、烧结程度较好的那一部分称之为"硬陶"，把施釉的一种称为"釉陶"。相对来说，经过高温烧制成胎体、烧结程度较为致密、釉色品质优良的黏土或瓷石制品称为"瓷器"。

中国瓷器是从陶器发展演变而来的，原始瓷器起源于3000多年前。制作瓷器的完整流程，一般要经过练泥土、制坯、上釉、釉下彩、釉上彩几道工序。宋代时期，名瓷名窑已遍及大半个中国，是瓷业最为繁荣的时期。其器形丰富多变，如鼎、罐、壶、瓶杯、碗、尊等；瓷器制作在胎质、釉料和技术等方面有了新的提高，烧瓷技术达到完全成熟的程度，当时的汝窑、官窑、哥窑、钧窑和定窑并称宋代五大名窑。宋瓷在制作过程中有了明确的分工，是我国瓷器发展的一个重要阶段。

（5）家具

家具是指人类维持正常生活、从事生产实践和开展社会活动必不可少的一类器具，通常指在生活、工作或社会实践中供人们坐、卧或支撑与储存物品的一类器具。几千年来，中国家具设计通过祖先们的劳动创造，逐步形成了各具风格特色的独特形式。对历代家具的研究，能使我们从一个侧面了解当时的生产发展、生活风俗、思想感情以及审美情趣等。

我国古代家具主要有席、床、屏风、镜台、桌、椅、柜等。古人是席地而坐，室内以床为主，地面铺席；再后来出现屏、几、案、盒等家具，床既是卧具也是坐具，在此基础上又衍生出榻等。到商、周、秦、汉、魏时期，没有太多变化，有凳、桌出现，但不是主流；直到汉代，胡床进入中原地带，到南北朝时期，高型坐具陆续出现，垂足而坐开始流行。到了唐代仍然是两种形式并行，高的桌、椅、凳等已被不少人所使用，但席地而坐仍然是很多人的日常习惯。真正开始垂足高坐从宋代开始，各种配合高坐的家具也应运而生。元、明、清各代，对家具的生产、设计要求精益求精，尤其是明清两代，成为传统家具的全盛时期。明代是自汉唐以来，我国家具史上的一个兴盛时期。明代家具的艺术特色可以从造型、结构、装饰以及材料上进行分析。

第一，明代家具的造型有着严格的比例关系。比例关系是家具造型的基础，明代家具的局部与局部的比例、装饰与整体形态的比例，都极为匀称而协调。如椅子、桌子等家具，其上部与下部，其腿子、靠背、搭脑之间，它们的高低、长短、粗细、宽窄，都令人感到无可挑剔的匀称与协调，并且与功能要求极其符合，没有累赘，整体感觉就是线的组合。

其各个部件的线条，均呈挺拔秀丽之势。刚柔相济，线条挺而不僵、柔而不弱，表现出简练、质朴、典雅、大方之美。

第二，明代家具的卯榫结构极富有科学性。不用钉子少用胶，不受自然条件的潮湿或干燥的影响，制作上采用攒边等做法。在跨度较大的局部之间，镶以牙板、牙条、圈口、券口、矮老、卡子花等，既美观，又加强了牢固性。时至今日，经过几百年的变迁，家具仍然牢固如初，可见明代家具传统的卯榫结构有很高的科学性。

第三，明代家具装饰手法丰富多彩，雕、镂、嵌等手法均有所用。装饰用材也很广泛，有珐琅、螺钿、竹、牙、玉、石等，样样不拒。但是决不贪多堆砌，也不曲意雕琢，而是根据整体要求，做恰如其分的局部装饰。如椅子背板上，做小面积的透雕或镶嵌，在桌案的局部，施以卡子花等。虽然已经施以装饰，但整体仍不失朴素与清秀的本色，可谓适宜得体，锦上添花。

第四，明代家具的木材纹理通常不做过多装饰，自然优美。明代家具充分利用木材的纹理优势，发挥硬木材料本身的材质之美，多数用黄花梨、紫檀等高级硬木，具有色调和纹理的自然美。工匠在制作时，除了精工细作而外，同时不加漆饰，不做大面积装饰，充分发挥、充分利用木材本身的色调、纹理的特长，形成自己的审美趣味和独特风格。这是明代家具的又一特点。

3. 现代工业设计阶段

现代工业设计的发展一直与政治、经济、文化及科学技术水平密切相关，与新材料的发现、新工艺的采用相互依存，也受不同的艺术风格及人们审美爱好的直接影响。随着科技的发展与社会的进步，产品设计渐渐地渗入社会生活的方方面面。自第一次工业革命以来，在机器大工业迅速发展的推动下，世界各地的产品设计发展也日趋成熟和完善，经历了工艺美术运动、新艺术运动、装饰艺术运动、现代主义设计以及世界各国的当代设计等多个发展阶段，呈现出一片欣欣向荣的景象。

（1）工艺美术运动

工艺美术运动是起源于 19 世纪下半叶的一场设计改良运动。这场运动强调手工艺生产，反对机械化生产；在装饰上反对矫揉造作的维多利亚风格和其他各种古典、传统的复兴风格，提倡哥特风格和其他中世纪风格，讲究简单、朴实、风格良好；主张设计诚实，反对风格上华而不实，提倡自然主义和东方风格。工艺美术运动对于设计改革的贡献是重要的，它首先提出了"美与技术结合"的原则，主张美术家从事设计，反对"纯艺术"。另外，工艺美术运动的设计强调"师承自然"，忠实于材料和适应使用目的，从而创造出了一些朴素而适用的作品。从产品设计的角度来说，这场设计运动在家具、室内制品等行业中皆有重要的成就。

这一时期家具设计的代表人物是威廉·莫里斯（William Morris），他是英国工艺美术运动的领导人之一，世界知名的家具、壁纸花样和布料花纹的设计者兼画家。他反复强调设计的两个基本原则，即产品设计和建筑设计是为千千万万的人服务的，而不是为少数人服务的；设计工作必须是集体的活动，而不是个体劳动。其代表作是他为自己的新婚住宅设计的"红屋"装修。屋内的家庭生活用品都是按照莫里斯的标准设计并制作完成的。他将程式化的自然图案、手工艺制作、中世纪的道德与社会观念和视觉上的简洁融合在了一起。对于形式，或者说装饰与功能的关系，在莫里斯看来，装饰应强调形式和功能，而不是去掩盖它们。之后，莫里斯建立了自己的商行，自行设计产品并组织生产。

工艺美术运动的室内制品设计很引人注目，它不仅是设计师表达技术与艺术相结合思想的一个重要方面，而且其设计更少无用的虚饰，更加富于现代感，具有浓厚的哥特风格特点，造型比较粗重。以阿什比为代表的金属器皿的设计尤为出色。他设计的金属器皿作品一般用榔头锻打成型，并饰以宝石，能反映出手工艺金属制品的共同特点。在他的设计中，采用了各种纤细、起伏的线条，被认为是新艺术的先声。

（2）新艺术运动

新艺术运动是工艺美术运动的继续深化和发展，是流行于 19 世纪末和 20 世纪初的一种建筑、美术及实用艺术的风格。它是由古典传统走向现代运动的一个必不可少的转折与过渡，其影响十分深远。新艺术运动推崇艺术与技术紧密结合的设计，推崇精工制作的手工艺，要求设计、制作出的产品美观实用，他们的设计理念是"回归自然"，以植物、花卉和昆虫等自然事物为装饰图案的素材，但又不完全写实，多以象征有机形态的抽象曲线为装饰纹样，呈现出曲线错综复杂、富于动感韵律、细腻而优雅的审美情趣，对家具、室内装潢、日用品等进行全面设计，力求创造一种新的时代风格。

（3）现代主义设计

二十世纪二三十年代，现代主义设计在现代科学技术革命的推动下展开。现代新技术、新材料以及标准化的生产使之必须产生与之相适应的产品样式，同时，商业的繁荣以及现代主义美术的发展都在一定程度上刺激了工业设计的发展。现代主义设计在理论与实践方面都取得了丰硕成果，使人的生存环境发生了巨大变化，也使人们的消费要求和审美趣味发生了根本性改变。这场设计运动强调功能第一、形式第二，形式上提倡几何造型，完全取消装饰；注意新技术、新材料的运用，反对沿用传统产品模式和风格；重视设计对象的费用开支，把利益问题放到设计中，从而达到实用、经济的目的。现代主义设计出来的产品简洁、质朴、实用、方便，产品设计进入现代工业化设计的时代。从此，工业设计开始成为一门独立的学科，成为推动社会经济发展的重要杠杆，并建立了独立的设计教育体系，确立了现代主义设计的形式与风格。

第二节 产品的创新与创造力

一、创新

创新是指能为人类社会的文明与进步创造出有价值的、前所未有的全新物质产品或精神产品。创新过程就是创造性劳动的过程，没有创造就谈不上创新。人类要生存、要发展，就必须创新。因为创造了生产工具才使人类脱离动物界，创造了语言文字才使人类脱离原始人的蒙昧状态逐渐发展成为有高度智慧的现代人。人类与自然界做斗争的每一次胜利都是创新的结果。创新对企业、社会、民族、国家乃至全球的发展都具有十分重要的作用。

那么，什么是创新呢？

创新，英文叫 innovation，这个词起源于拉丁语，它原本有三层含义：第一，更新；第二，创造新的东西；第三，改变。意为抛开旧的，创造新的，也叫革新，或者是指技术和经济领域里所采用和出现的一些新方法、新制度和新事物等，因此，创新最重要的表征就是新颖和独特，以体现"首创"和"前所未有"的特点。

创新也指现实生活中一切有创造性意义的研究和发明、见解和活动，包括创造、创见、创业等意。美籍奥地利经济学家 J.A. 熊彼特（Joseph Alois Schumpeter）在其 1912 年出版的《经济发展理论》一书中提出该词及理论，并在其 1939 年、1942 年出版的《经济周期》和《资本主义、社会主义和民主主义》两本书中使该理论系统化。熊彼特的创新是一个经济学概念，包括五方面：①研制或引进新产品；②运用新技术；③开辟新市场；④采用新原料或原材料的新供给；⑤建立新组织形式。熊彼特的创新理论受到经济学界的重视，尤其是 20 世纪 70 年代以后。21 世纪初所说的创新，在熊彼特的基础上有了很大的延伸和发展，已从单纯的经济学概念演变为含义宽广的哲学概念，包括思想理论创新、科学技术创新、管理创新、经营创新、机制创新、制度创新、知识创新等。

从本质上讲，创新是一个多元性的概念，具有内在动态性，而且内涵和性质一直在演变。这些特性逐步为人们所认识。

创新的多元性一方面是指创新具有多样化的来源，虽然大多数人表示创新的唯一来源是研发，其实不然，在我们的实际生活中，研发只是创新的来源之一，很多意外的发现都会产生创新，如人们在经济结构、可持续发展、设计、清洁能源、用户、管制变化、市场等方面的需求，甚至一些失败的项目都会对创新产生刺激作用。弗莱明就是因为意外发现研发出了青霉素。可见，这些创新来源的重要性远远高于研发。

创新多元性的另一方面具体指，创新有着丰富的内涵，产品创新和技术创新不是创新的所有内容，制度、市场、业务流程、管理模式、商业模式、服务等方面的创新及对顾客的潜在需求进行挖掘都是创新的重要内容，甚至还包括营销和分销方法的创新。

除此之外，创新还包括一种重要的含义，即创新程度的差异性，既包括改变外观设计这种渐进性创新，又包括改革微处理器这种革命性创新。另外，还有跳跃式创新和结构式创新及创新创造空缺市场等多种不同程度的创新。

互联网的迅速普及和全球化趋势的到来，使得创新拥有更广泛的协作范围和多样化的来源。创新的多元性还表示要寻找和选择正确的创新构思并有效落实。而且现代化创新必须放在网络化协作环境中进行，不能只在一个企业内部开展，包括用户、政府、设计部门、供应商、研发部门、大学、合作企业及竞争对手等都可以是创新的主体。

现代创新还具有一个非常明显的特点：仅仅通过纯粹的技术创新很难获得成功。一方面，创新包含了许多技术革新和知识产权，一个单独的技术创新很难推动完整创新的实现；另一方面，企业只有综合应用多种创新，才能获得更多的商业利益和利润。创新具有变化性和动态性的特征，这也表示，当下对创新的所有概念和定义都不是绝对的，也不是最终定论。目前，创新的定义不断延伸和丰富，人们认为创新是企业为了提高效率、实现成长而进行的，始终认为设计是形成差异化和创新的重要来源。或许说，我们根本不需要用严格的文字或定义来理解创新，否则很容易对创新思维进行约束。企业不能认为创新难以实现。其实，创新并不是不可捉摸、深不可测的东西，而是人们司空见惯的基本行为。有句话是这样解说创新的：创新无时无刻不在我们身边，任何人都可以创新。

二、创造力

人类与其他物种最大的区别之一在于创造力，人类拥有的特殊创造力彰显出人类的一种综合水平。对三流人才和一流人才进行区分的重要因素在于创造力。总的来说，把不断优化的能力、优良个性品质和知识及智力组合在一起便是创造。具体来说，人们对新事物进行创造、促进新发现和新思想产生的能力便是创造力。人们要想完成某种创造性活动必须具备创造性思维和心理素质。创造力的表现形式主要包括新方法和新设备的发明、新理论和新概念的创造、新技术的更新、新作品的创新等。从心理层面来说，创造力具有复杂性、高水平和持续性的特征，人们集中全部智力和体力、应用最高水准的创造性思维所形成的力量才是创造力。

创造活动的开展一定会带来社会价值和社会成果，在创造力的作用下人类便形成了文明史，所以人们非常重视对创造力的研究和挖掘。根据不同的侧重点，人们对创造的研究呈现出两种方向：第一，认为创造是在一种或多种心理活动的作用下，将具有一定价值和新颖性的东西创造研发出来；第二，认为产物是创造的本质，创造不是一种活动过程。人们的普遍观点是，创造不仅是一种具有复杂性和新颖性的心理过程、产物，还是一种重要的能力。

一般来说，拥有较高创造力的人智力水平也较高，但是拥有较高智力水平的人不一定拥有优秀的创造力。当人的智商比一定水准还要高时，创造力和智力不会存在明显的差异。拥有较高创造力的人往往拥有较强的事物感知力，善于发现和喜欢探索一些矛盾、失衡或失常的现象，很容易抓住别人忽视的地方，从细致、细小的地方进行推敲，自信心和自我意识比较强烈，在研究和探索的过程中拥有坚强的意志，能够对别人的特征和行为进行充分认识和客观评价。

独创性和新颖性是创造力区别于其他普通能力的主要方面，创造力主要由发散思维构成，是指人们在不受约束、没有确定方向的情况下，根据自己的认知水平、知识能力对未知进行探索的思维方式。发散思维指导或影响人们的外部行为，这就是人们对自己的创造能力进行应用的过程。

（一）创造力的构成

创造力由以下三方面因素组成：

第一，知识。这是构成创造力的基础因素之一，这里具体指的是对知识记忆、理解和吸收的能力。只有吸收知识才能对知识进行巩固，更加熟悉和灵活运用专业技术和操作技术，通过实践不断总结，拓展自己的知识面，而且创造力形成的重要基础和前提是利用知识分析问题的能力。不管是哪一种创造，都与知识密切相关，创造性想法的产生和提出离不开丰富的知识，才能将科学的知识和理论的作用充分发挥出来，鉴别、分析、调整、修改设想；在实施和检验创造方案的过程中起到重要的推动作用，同时有利于自信心的增强。

第二，智能。智能的核心是创造性思维能力。智能由综合起来的多种能力和智力共同构成，具体来说这些能力主要包括对创造原理、方法和技巧进行掌握和运用的能力，独特和敏捷的观察力，创造性思维能力，熟练灵活的动手操作能力，持续高效的记忆力，非常集中的注意力等。

第三，创造个性品质。情操和意志共同构成创造个性品质。人们基于一定的社会环境和历史背景、个人的生理素质，不断参加各种实践活动和创造活动，便会彰显出自身的创造素养。创造力的形成少不了优秀的素质，素质是开展创造的重要因素。顽强坚韧的意志、主动积极的独立思考精神、浓厚的求知欲望和永不停歇向上拼搏的精神等优秀个性品质是促进创造力发挥的重要基础和前提。总而言之，创造力主要包括智能、优秀的个性品质、知识等多种因素，它们之间相互作用和影响的效果对创造力水平的高低起决定性作用。

（二）创造力的行为表现特征

创造力的行为表现有三个特征：

第一，变通性。思维能随机应变，举一反三，不易受功能固着等心理定势的干扰，因此，能产生超常的构想，提出新观念。

第二，流畅性。反应既快又多，能够在较短的时间内表达出较多的观念。

第三，独特性。对事物具有不寻常的独特见解。

人们利用自己已经学习和理解的定律、方法、原理，按照有程序、有方向和有范围的思维方式推动问题进行妥善解决，这种思维方式便是聚合思维。聚合思维是创造能力的重要组成部分。总体来说，发散思维和聚合思维之间存在相辅相成、相互统一的关系。不论是发散思维还是聚合思维，都是人们开展创造新活动不可或缺的思维能力，只有整合这两种思维才能获得成功的创造。而且相关调查研究表明，发展创造能力的前提和基础是智力，如果一个人的智力水平较低，那么他的创造力水平也不会太高，能力水平会影响创造力水平的高低。此外，人格特征也会对创造力产生一定的影响，许多研究结果表明，创造力水平较高的人一般都具有以下特征：喜欢独立行事、对抽象问题进行研究，拥有较强的自信、流畅的语言表达、严谨的思辨能力、直率的态度、较强的社交能力、广泛的兴趣爱好、敏捷的反应能力、较高的工作效率、较强的记忆能力、开放而不拘一格的性格、直率和坦白的态度，行为上很少跟随大众，生活范围比较广。

（三）创造力的研究

近半个世纪以来，有关创造力的研究取向不外乎下列四个 P：

第一，个人的特质（Personality）：探讨创造力高的人具有什么样的特质。

第二，产品（Product）：探讨什么样的产品创意高。

第三，历程（Process）：创意产生于什么样的历程。

第四，压力（Press）：探讨什么样的压力或环境因素有利于创造。

（四）创造力的培养

可以从以下方面培养和增强创造力：

第一，将人们的好奇心和求知欲望激发出来，让人们的想象尤其是创造性的想象不断得到拓展和延伸，提高观察的敏锐性，对人们挖掘新关系和新问题的能力进行培养。

第二，对思维的变通性、独创性和流畅性加强培养力度。

第三，对人们求同和求异的思维、想象进行培养。

第四，对人们急骤性的联想能力进行培养。所谓急骤性联想，是通过集思广益的方式在规定时间内将极迅速的联想作用充分激发出来，让人们形成具有创造性和新颖性的想法或观点。

三、创造与创造力的本质

创造和创造性的基本内涵是新颖性。但从社会学意义上考察，创造和创造性还具有价值性等社会属性。同样，创造力也可依其自然性和社会性划分为潜在性创造力和现实性创造力，后者是体现在创造性成果中的创造力。

（一）创造和创造性

创造，就是干人所未干，想人所未想，其中包括对已有成果的模仿性改造；用美国创造学家的话说，就是发明制造出世界上没有的东西，从"无"中生有，其中最宝贵的是原创性的创造发明成果，如相对论的提出、微处理器的发明等。

创造是对未知领域进行直观类推等，并形成有价值的、独创性的思想的人类意识活动；创造是把已知的信息或事物用至今未有的方法结合起来，产生新的有价值的东西的过程；创造是把包括意识和下意识的全部信息有目的地加以综合运用，产生出一种新文化的全身心的创作；创造是不受传统观念束缚，从多角度的自由联想中发明创新的活动；最高的创造是自我实现，这对于影响面很大的科学研究尤其必要。总之，不同的创造者有不同的创造体验，因而也有不同的创造定义。

从学科发展的意义上讲，创造性是某种改变现存专业或使某个现存专业转变成一个新专业的行动、观点或产品。具有创造性的人就是某个以其思想或行动改变了某个专业或创造了某个新专业的人。

上述几种定义都是不同的创造者根据自己的创造体验总结和概括出来的，因而不同程度地揭示或反映了创造的种种属性，这对于我们认识创造的本质、开发自身的创造潜能具有重要的意义。但是，仅靠罗列诸种定义还难以为我们进一步研究提供必要的理论背景。

这里，对创造和创造性提出如下界定：

第一，创造和创造性是同等意义上的描述性语言，其主要的内涵是新颖性。就其现实性来说，创造是对习以为常的活动的一种超越，而且这种超越是以提出解决问题的新方式、新思路来实现的。之所以说"超越"，是因为对问题解决的新方式、新思路，常常隐含着对旧的传统的思想框框的摆脱和突破。

人的思维有一种惰性，一旦有了一次成功的解决问题的经验，人常常就会有意无意地把这次成功的经验模式化，在以后处理新问题时，总是要自觉不自觉地重复使用这个现成模式，而很少再去寻找更好更新的解决方法。这样习以为常的选择自然会妨碍问题的创造性解决，因而常常遭遇失败。

总体而言，发现一条科学定律，设计一种机器零件，推销一种新产品，画一幅画，都需要创造和创造性活动，解决问题同样也需要创造和创造性，这其中的关键是解题思路的新颖性和独创性。如果你不想再使自己愚笨，不想再使自己平庸，不妨超出现行的解题（不仅仅是学术意义上的解题）思路去寻找更有效、更便捷的方法，也许你会成功，并最终把自己引向成功者和自我实现者的行列。

第二，创造是一种满足某种渴望和需求的途径和过程，它指向的是一个多种可能性的世界。虽然人们所期望的许多新事物、新状况通常是难以实现的，但这种渴望和追求却常常可能在创造过程中得到满足，而且也能从创造结果（产品或服务）中得到满足。在科学发现、技术发明和技术创新活动中，不仅创造者对宇宙和谐、臻美至善等的渴望和内在追求可能在创造过程和创造性成果中得到实现，而且创造者对理想生活状态以及对财富的追求等也可能得到满足。总之，创造指向的是一个多种可能性的世界，每一种梦想和渴望都对应一种可能性的世界，但这种可能性的世界要转化为现实，就必须借助创造这一中介活动。

第三，从社会学意义上看，创造和创造性活动还具有价值属性。米哈伊·奇凯岑特米哈伊（Mihaly Csikszentmihalyi）在《创造性——发现和发明的心理学》中对美国91位高创造力的人的创造活动进行分析后说，仅仅研究那些使新思想、新事物出现的认识还无法全面理解创造性。创造性是一种新的、有价值的思想或行动，它不能仅按某人自己的说法作为判断的标准。除非参照某种标准，否则就无法知道某种思想是否新颖；除非能通过社会的评价，否则就无法分辨它是否有价值。这就像森林里的一棵树轰然倒地，如果没有人在场，这声音就没人听见。创造性思想的情况也是如此，如果没有人把它们记录下来，并且付诸实践，创造性的思想就会消失。如果没有懂行的人做评价，没有可靠的方法来确定那些自称有创造性的人的说法是否有道理，一个创造性的思想就很难得到社会的承认，也很难对社会发生应有的作用。因此，创造性是在人的思想和社会文化环境的相互作用中发生的。它不是一种个体现象，而是一种相当复杂的社会现象。

　　创造性源于一个由三要素组成的系统的相互作用：一种包含符号规则的文化、一个把新奇事物带进符号领域的人，以及一个能够认出并证明其创造性的专家圈子。要产生创造性的思想、产品或发现，这三者是不可缺少的。

（二）创造力及其内涵

　　创造力的内涵是十分丰富的，对此，可以从不同的角度做出不同的概括。创造力最简单的表现形式就是在两个或两个以上看上去毫不相关的事物或概念之间建立起某种联系。

　　对创造力的理解可以概括如下：

　　1. 创造力是人们根据已有的经验和知识创造性地解决问题的能力

　　所谓创造性地解决问题，是指对旧有知识和经验有所突破和超越，以新的方式、观念和思维解决问题。创造性地解决问题与一般性地解决问题存在着十分重要的区别。一般性地解决问题，无论是解决知识性问题，还是解决日常生活的问题，均可依赖已有的知识经验、现成的方案，按照已有的解题程序进行；而创造性地解决问题，却没有现成的方案，它要求对现有的信息进行创造性的思维加工和整合，进而超越常规，找到解决问题的新思路和新答案。

　　2. 创造力是人的思维活动能力，特别是人的原创性思维和特异性思维能力

　　这种思维活动表现为大脑活动的有意识地探索和无意识地思考的结合。它一方面需要借助现有的知识和理性，另一方面更需要倚仗独特的想象和直觉，即非理性思维；一方面需要发散思维来不断伸展自己的活动触觉，另一方面又需要收敛思维来逐渐地聚集自己的活动能量，渐渐逼近求解问题的方法和观念，最终通过这种思维活动的张力来使问题得到独特新颖和出乎意料的解决。

　　3. 创造力是人自我完善的结果，也是人自我实现的基本素质

　　创造力是个体的创造潜能，那种把创造看作是某种特殊的智力活动，是发生在某些特别人物头脑里的创见的说法具有误导性，它会让人觉得创造力是个别成功人士的专利品，从而看轻自己的创造发明潜能，失去积极进取的自信和动力。任何人都有创造潜能，但一个人要发现和开发自己的创造潜能，必须通过自我完善和自我教育来完善其个性和人格。

（三）内在天赋只是创造力的必要条件

　　创造力可以划分为潜在的创造力和现实的创造力两类。潜在的创造力是一个人做出创

造性成果的内在天赋，它是一个人从事创造性活动最基本的生理学和心理学前提。一个人的天赋是指其能把某事做得非常好的天生的能力。但是，仅仅有天赋是不够的。

天赋固然对一个人的智力发展和事业成功会起很大的作用，它会提高一个人在某项事业和专业领域中获得创造性成果的可能性，但一个人的创造力的开发和利用绝对离不开环境和其他因素的影响。

高创造力的天赋只是提供了一种做出重大创造性成果的可能性，这种可能性并不等于现实性。真正使这种可能性变为现实性的途径只有一条，就是劳动、实践或者"干"。只有当一个人所具有的这种潜在的能力变成现实的创造性成果之后，他的创造力才能被社会所承认。因此，在更多的时候，常把创造力归结为一个人在现实情境中所显现出来的创造性的做事能力。

（四）科学发现、技术发明和技术创新

事实上，创造并不是什么深不可测的抽象的东西，而是体现在我们日常行为和活动中很具体的内容，它只有与科学发现、技术发明和技术创新等现实的人类活动相联系时才可能进行。而且，众多科学发现、技术发明和技术创新的完成，非得借助创造性的力量或构想才能实现。因为科学发现、技术发明和技术创新都有一个根据已知和现实去开拓和创造未知与未来的环节，而从已知到未知，从现实到未来，其间不存在任何必然的逻辑关联。要搭建连接两岸之间的桥梁，想象力和创造力是必不可少的。因此，在一定意义上来说，科学发现、技术发明和技术创新都是最基本的创造性活动，它们都是创造的具体的表现形式，而不是异于创造的不同层次的东西。

科学发现是人类出于解释世界、认识世界以及改造世界的需要而进行的探索自然世界和人类社会的本质和规律的创造性活动。科学发现的基本形式是假说。科学发现并不完全等同于"看见"或者"找到"某种事实或现象，更重要的是对这些"看见"或者"找到"进行创造性的理论解释。科学发现是基本的创造性活动。

技术发明，是指从事前人和他人从未进行过的技术或工艺活动，即"创制新的事物，首创新的制作方法"。作为创造活动的一种形式，技术发明也必须具有新颖性的特点。除此之外，技术发明还具有价值性和可行性等特点。和一般的创造过程不同，技术发明强调其最后结果，在获得发明结果之前的每一步骤都不能称为发明。

技术创新不同于科学发现，也不同于技术发明，尽管在技术创新过程中科学家、工程师或发明家起了很大作用，但是，技术创新的主体已经从科学家和发明家群体转移到企业家群体。如果没有需求和市场的推动，技术创新的成功，尤其是技术创新成果的产业化是

难以想象的。技术创新本质上是技术资源和产业资源以新的方式或构想重新整合或配置的过程和结果。技术创新和创造都是对已有的知识和经验的整合。但创造仅仅涉及个人能力的不确定性，而创新既涉及个体解题能力的不确定性，也涉及社会经济环境的不确定性。创新是一种创造性的活动，但具有创造性的活动并不一定就是创新。创造性活动追求的主要是概念或产品的新颖性，而创新主要看中的却是概念或产品的商业价值或商业目的。

第二章 产品设计的美学价值

第一节 创新维度的构成

维度在空间理论中是指组合成空间的所有因素，也被人们理解为对事物进行观察、思考和表达的思维角度，一般来说，同一维度的因素之间存在紧密关联或属性相同，从维度概念的角度出发，有利于人们对事物的结构和层次进行深入剖析和理解。在构成产品美或划分产品美学价值的设计维度方面，相关学者有着以下三种观点。

一、一维观的产品美学价值

学者普遍认为，产品美的重要因素之一是产品的外观形式美，甚至有些学者表示，产品的外观形式美就是产品美。一维观的相关观点认为，产品美的主要要素包括色彩美、肌理美、形态美、材质美和结构美。如果在一个相同的维度对这些要素进行归纳，那么它们都是产品造型不可或缺的元素。追溯到工业时代，以上要素是构成产品设计的所有要素，与传统的产品美学观念相符合。就一维的产品美学价值观的相关观点来看，部分学者通过自身感官对产品的美进行分析，而不是利用造型元素对产品美学进行表述。

总体来说，认同一维观的学者普遍表示，人们通过自己的感官感受造型是产品美学价值的重要来源，尤其是人们的触觉和视觉会对美形成更加直观的感受。但是，如今的产品设计与网络化和数字化技术相融合，一维的产品美学价值观就受到了一定的限制。

二、二维观的产品美学价值

作为具有实用价值的产品，对其"美"的考量不能限于造型感官，还要考虑功能体验也是众多设计美学和实用美学学者的观点。产品的美学标准是功能美和形式美的结合；有技术美特性的产品不仅在技术上是完善的，而且在使用上是舒适的，在外形上是美观的。大部分学者认为产品的美涉及功能美、形式美和材质美。形式和材质虽然有一定的区别，但都是造型的重要因素。

三、多维观的产品美学价值

心理因素和生理因素及社会因素都会对美学功能产生重要影响。总体来说，生理感受和精神理念及视觉形式是构成人们关于美的传统认识的重要方面。如此一来，产品的美便由形式符号层和审美意象层及物质实在层共同构成。产品设计美学的评价主要包括三个层次，分别是形式美、体验美及技术美。社会美和形式美及技术功能美是展现产品美的主要方式。产品的审美价值是由内而外散发出来的，包括了内在的精神感受美和外在直接感官美，同时利用视听效果和表现形式及审美意象来作为评价创意产品审美价值的指标。美国著名工业设计师德莱福斯提出的产品设计五项原则中便把外观和销售吸引力作为两项重要的内容，销售吸引力是一种混合概念，由产品的触感、产品的操作方法、购买者想象到产品时形成的愉悦心情等内容组成。其实这些都表示，产品的感官造型和审美意象及功能体验会产生产品美，美国的诺曼认为设计观念可以分为反思层和本能层及行为层，这在产品美学设计中发挥着重要的作用。

总而言之，产品和社会之间存在的关系，产品本身，产品给人的感受，产品和社会以及人之间的关系等都是多维产品美学价值观必须考虑的因素。付黎明是这种观念的典型代表，他认为产品的美学价值观包括技术功能美、社会美和形式美三方面。设计师赋予产品的文化内涵与产品的社会美、形式符号、精神理念、审美意象息息相关。人们对产品的文化内涵进行感受之后，便会在思想中生成一种形象，这种形象会凭借产品的精神观念和品质品位将"美"的感受提供给人们。

从以上的论述我们可以发现，技术要素和符号要素以及物质要素共同构成产品美学价值要素，品位体验层、领悟判断层和感知觉层是认知层次的重要组成部分，所以我们要从三个维度来分析产品美学价值，即作为基础层的造型感官美、作为核心层的功能体验美和作为延伸层的形象内涵美。这三个维度分别与美学价值要素中的物质要素、技术要素和符合要素，认知层中的感知觉层、品位体验层、领悟判断层一一对应。

产品美学设计的不同创新维度之间存在互相影响、相互依存的紧密关联，虽然维度之间拥有分明的层次，但是很难将界限区分开来。从价值层面来说，维度之间拥有平等的价值，而且消费者对于不同的产品拥有不同的消费需求，消费者往往会结合自己的实际需求对某些维度的价值进行优先选择。很多消费者往往会综合利用各种维度对美学价值进行衡量。就审美感知层面来说，消费者从产品中最容易得到的美是感官造型美，是每个消费者对产品的第一印象；就实用审美力的层面来说，功能体验美是普通消费者优先考虑的重点，他们往往认为感官造型空有其表，形象内涵需要自己付出更多不需要的购买成本；就符号消费的层面来说，消费者品位和身份的代表在于形象内涵美，这方面更受拥有个性追求和位于富裕阶层的消费者的青睐；就辩证发展的层面来说，价值导向、区域文化和经济发展都会对产品不同维度的美产生影响，就算是处于同一个美学维度的相同产品也会受到人、时间、地点等因素的影响，获得不同的认可程度。

假若人们想要利用价值主客体的关系对产品美学设计的维度进行分析，不同维度的美拥有不同的本质内涵，产品是造型感官美的中心，也就是人们所说的产品艺术美，因为艺术美没有国界之分，所以，即使人们没有体验或使用过某个产品，但是它具备很高水准的造型感官美，也会吸引很多消费者进行购买。这对于高度审美型产品来说非常关键，当然，也可以对一些没有突出功能的实用性产品进行弥补，让消费者更容易接受产品。人们接触产品之后，在使用或操作过程中获得的易用性和舒适性感受称为产品的功能体验美，这是实用审美型产品的重要内容。企业在追求自身持续发展和价值空间提升的过程中，通过塑造价值主张、优秀的企业信息和设计服务理念等，有利于推动自身社会影响力和品牌形象的提升，让产品逐渐成为社会中一种备受关注、认可的身份象征和优秀文化。

产品形象美的基础和前提是功能体验美和造型感官美，这几种美之间相互依存，前者不可能脱离后两者而存在，利用产品形象美有利于充分挖掘出产品的价值。

第二节　造型感官美

人们对一切事物进行客观认识的基础和前提是感知觉，这也是人们被事物刺激之后最容易产生的认知反应。人们的外部感知觉包括听觉、嗅觉和视觉，人们的内部感知觉包括记忆、联想和想象，内外部感知觉之间存在相互影响的关系，但是人首先要对事物的外表进行观察，才能更理性地认识事物的内在。知觉具有强烈的主观色彩，不同的人见到同样的事物会产生不同的感知觉。虽然感官美不是决定效果的关键因素，但却是美感中最基础、最原始的重要因素。

一、造型感官美与人的五感

人的感觉器官主要包括鼻子、身体、眼睛、舌头、耳朵，分别对应人们的嗅觉、触觉、视觉、味觉、听觉等感官能力。经历很长时间的实践和发展之后，这些感官能力转化成具有一定审美能力的审美感官。审美感官所包含的审美能力和审美对象发生相互作用之后才能形成审美活动，所以产品设计中必须考虑的基本因素是五感。

与嗅觉和触觉及味觉等感官相比，视觉和听觉对美的感受力更强，古往今来，无数美学家都认可和肯定这个观点。美感与听觉和视觉息息相关，无法脱离听觉和视觉而存在。在产品设计的过程中，视觉表现起到至关重要的作用，主要是由于产品设计所包含的图案、形态和颜色等造型要素都与视觉存在紧密关联。声音不仅可以对音响和耳机传播或输出的声音进行辨别，还能够对音乐类产品的品质进行衡量，这也是跑车和赛车会对观赏者、驾驶者产生极大吸引力的关键因素。

触觉在产品设计中也发挥着重要的作用。主要是由于只有少数艺术品是用来欣赏的，大部分产品都具有重要的实用功能，会经常与人进行接触。人们通过手的触觉便能感受到产品摸起来的舒适度，而且随着科学技术的日新月异，人们对电子类消费产品的要求越来越高，不管产品设计朝着如何先进的网络化、智能化和数据化的方向发展，都必须与人进行接触，实现人机交互。就当下来看，产品交互经常使用的操控形式是多点触控。

工业产品设计很少使用到嗅觉和味觉，而这两种感官在化妆品包装和食品包装上使用较多，而且还经常会在产品设计中掺杂一些特殊材质。尽管嗅觉和味觉很少应用到设计工业品的过程中，但是随着体验技术和体验经济的迅速进步和发展，在今后这两种感官会被经常运用在产品设计中。

同时，人们的五种感官之间相互连通，主要是指当外界物品刺激到人们的一种感官时，大脑神经也会反映到其他感官上，这就是人们所说的通感。基于通感的作用，能让人们对产品的审美和魅力进行全方位的感受，这种方式经常应用在设计高端产品的过程中，能将产品的高端品质充分展现出来。拿法拉利跑车来说，人们不仅会被它舒适的触觉和鲜艳的颜色以及高级的形态吸引，还会受到发动机的声音的吸引。在通感的作用下，产品的美感更加立体，有利于推动产品美学的增强，引起人们的共鸣。

二、产品造型感官美的设计创新方法

从设计操作角度来说，设计产品的感知价值时，不仅要将形式美的法则应用其中，还要对产品族发展和产品消费对象的感受等因素进行考虑。一般来说，感性工学、仿生设计、形式美法则和形状文法是产品美、造型感官美最常见的创新应用。

（一）形式美法则

形式美法则是艺术创作过程中经常使用的基本法则之一。该法则是人们从长期的艺术创作和艺术实践中总结出来的把握美的规律。英国画家威廉·荷加斯在全球赫赫有名，他在著作《美的分析》中最早对形式美的规则进行系统分析和详细阐述，他认为美的创造与复杂、适应、单纯、尺寸和统一及多样密切相关。从许多设计师和专家学者及艺术家的观点来看，可以这样定义形式美法则：比例与尺度法则、对比与调和法则、对称与平衡法则、节奏与韵律法则共同构成形式美法则，这些法则与产品的结构和色彩的布局、产品色彩的设计、产品界面的视觉和功能区的划分、产品的大小和各个部分之间的比例密切相关。需要注意的是，形式美的法则要紧密结合产品的材质，才能对完整的美学表现进行创造。

（二）形状文法

人们一般把形状文法称为造型方法，该方法诞生于 1970 年左右，由美国麻省理工学院的学者率先提出，他在深入剖析产品形状的结构和关系的基础上，把形状划分成数个单位，再利用这些单位空间进行组合排列，如此一来，不仅能让产品保持独有的风格，还能迅速对新的形式进行创造。复制、坐标微调、置换、镜像、错切、增删、旋转和缩放等方式是经常使用的形状文法推理规则。将形状文法运用到产品造型设计中，不仅可以延续产品的风格和基因，还可以深入研究产品的历史发展进程和风格变迁历程。

（三）感性工学

人们经常使用情绪工学来代指感性工学，这种方式是利用统计学，围绕目标用户，归纳和整合人们从主观层面判断的产品设计要素，再与工程技术相融合进行产品设计。这种设计方法诞生于 1970 年左右，马自达汽车集团在 1980 年左右广泛应用和推广这种方式，这种产品造型感官美的设计创新方法始终坚持以消费者为导向和核心，如今，在设计汽车和一般工业消费品的过程中经常使用这种方法。

（四）仿生设计

人与大自然之间的搏斗和竞争是人们智慧的重要来源，随着社会实践的深入开展，人类智慧不断提升。就设计产品来说，人们最早利用对自然形态进行模仿的方式制作劳动工具和生产工具。仿生设计便是以自然现象和自然规律为基础和前提，以一定对象的特殊能力和形态为核心，并对这些形态和能力的结构进行深入分析，推动机理的实现，创造出与人类生产和劳动需求相符合的产品。大自然拥有多姿多彩的形态，有利于对我们的设计思维进行启发。仿生设计受到中外许多设计大师的肯定和认可，如著名设计大师卢吉·科拉尼来自德国，他特别喜欢仿生设计，他的许多产品都是利用仿生设计的方法进行设计的，打造出了具有自然流畅风格的产品造型，独具一格。

对于造型比较简单的工业设计产品，设计师可以直接进行设计，但是对复杂的产品进行设计时，要想拥有美观的造型和合理的结构，就要结合其他学科的知识，特别是要对空气动力学和材料力学等知识有系统的了解。

第三节 功能体验美

一个优秀的产品不仅要把美的感受赋予消费者，还要拥有良好的技术效果。当前，不仅设计服务企业对用户体验一如既往地重视，制造企业也越来越关注产品的用户体验。可见，在人机交互的过程中，美学和实用拥有同样重要的地位和作用，而且许多调查和实验表明，人们的阅读效率受到界面美感的影响。"用户体验分析"主要是让制造商全面了解用户在产品使用前期、过程中、后期形成的身体反应和心理反应，以及用户的信仰、期望、情感、偏好，用户的评价和使用感受。体验的本质就是美，通过体验让用户对产品的美进行感受。用户在使用产品的过程中收获到的安全、高效、舒适的感受和惊喜、满意的效果就是人们所说的功能体验美。功能体验美随着混合现实（MR）、虚拟现实（VR）、增强现实（AR）等科学技术的发展，将增强现实和沉浸式体验提供给用户，也便于设计师更好地设计产品。

一、功能体验美的设计原则

设计师利用产品交互设计，能让消费者迅速获得功能体验美，交互设计主要包括设计任务流程、信息架构和产品的使用行为，推动技术可读性、可用性和使用愉悦性的实现。所以，设计产品的功能体验美始终要坚持以人为中心的原则，灵活应用综合思维，根据得到的反馈进行调节，实现传承和创新的融合。

（一）以人为中心设计原则

设计师在设计产品时始终坚持以人为中心的原则是设计产品功能体验美的必然要求。围绕用户创新产品设计要对以下三方面加强重视：①加强重视对象的差异性，人们在行为习惯、心理和生理等方面存在很大的差异，这便要求企业认真研究和调查目标市场、目标消费者、目标用户。功能体验的根本出发点在于情感化和人性化。一个优秀的设计应该主动与人的需求相适应，而不是让人去适应产品，因为每个人的消费需求和观念不一样，也许企业自认为是贴心的设计会被消费者讨厌甚至排斥。②加强重视功能实现效果。之所以要设计产品的操作程序，主要是为了让消费者迅速理解和学会使用产品，能在短时间内顺畅自然地操作产品，拥有完整的交互信息结构，这样的交互体验才能让用户满意和认可。③要与人们的习惯用法保持一致。交互设计范式已经实现了从技术中心向隐喻中心的转变，如今正处于迈向习惯用法的范式。习惯用法与人们的固定认知和行为习惯相结合，对产品的交互和操作流程进行设计，让人们保持自然和流畅的状态实现产品操作。

（二）系统性原则

功能体验美是基于环境、人和机等系统环境充分认识和考虑研究对象。对目标人群进行系统分析时，要侧重于剖析人们的生活行为习惯、生理特征和心理特征习惯等；对产品进行分析时，要重点分析产品的美观性和可行性是否和人的需求保持一致。产品的使用效果也会受到环境因素的影响，甚至有些时候环境还会决定产品功能设计的合理性。除此之外，企业不仅要深入分析客观对象和客观环境，还要对这两者之间形成的相互作用和交互关系进行梳理，因此，功能体验美不仅可以实现产品的技术功能，还可以表现出产品的事理学特点。

（三）调节反馈原则

调节反馈原则由操作性反馈和可调节性反馈共同构成。其中，操作性反馈具体表示，产品对用户的指令接收之后，会把自己是否成功接收和执行指令的反馈通过一定的方式反映给用户，特别是用户希望自己被及时提醒实施了错误的操作，所以功能体验设计必须将失败反馈和容错操作等包含其中。可调节是指产品可以根据不同人群的特征，在允许的范围内调节实现功能的方式和产品的尺寸规模，促进产品功能可调节性的不断增强才能让用户多样化的需求得到满足，如此一来，不仅可以节约成本，还可以让用户的满意度得到增强。基于调节性反馈，用户能得到更加高效、安全和顺畅的产品使用感受。

（四）传承创新原则

人们一般通过新颖性和典型性两个维度来衡量产品审美体验。产品包含的创新变化是新颖性，产品包含的普遍性和代表性程度是典型性，差异化是其中的突出因素。就认知的层面来说，人们更容易被典型性的产品吸引，理解和识别其中具有代表性的因素；但是用户很少甚至没有体验过新颖性产品，在认知这种产品方面会存在一定的问题。为了在意义认知上防止发生代沟，对成功的美感体验进行创造，设计师便要平衡好新颖性和典型性之间的关系。美国著名设计大师罗维曾经提出了"最为先进、却可接受"的设计理念（英文简称是 MAYA），利用这个理念便能实现完美的设计。

二、功能体验美的一般设计思路

功能体验美的设计思路有以下三方面：

（一）基于人机因素设计

人们经济收入和生活水平的提高刺激了人们的消费需求，服饰设计领域出现了许多小批量定制和私人定制的需求，这些需求在工业产品设计中也越来越频繁。以人机因素为基础进行设计是指产品设计与目标人群的身体特征紧密结合，不断改善和调整产品的功能和结构。合适是产品功能体验的首要因素，只有适合用户的产品才能属于用户。如果人们拿着一个产品或穿着一个产品后产生了不舒服的感觉，或者拥有不流畅的感觉，就无法产生产品功能体验美。网络大数据和利用传统方式获取的测量数据都是重要的人机因素。人机工程学是人机因素的重要理论来源和设计依据，具体表示要将目标对象的心理习惯、兴趣爱好和生理结构考虑到产品设计中。

（二）基于使用方式和使用环境设计

设计事理学的相关观点和理论表示，产品设计并不是只设计产品本身，还要对产品承载的事理进行设计，具体包括人们使用产品的缘由、产品的出现背景。不同的人对同一个产品拥有不同的需求、理解和意义。比如，设计办公室使用的椅子和家庭使用的椅子时，要考虑不同的需求。设计师设计商务笔记本和家用笔记本时，也要考虑不同的要求和要素。

（三）基于生活形态和风俗设计

来自不同地区的人拥有不同的生活习惯。某一个产品在一定的区域范围内备受喜爱并不代表它在所有地方都受喜爱。所以，要想推动产品功能体验美的实现，必须将目标对象的兴趣爱好、生活习惯、民俗风情考虑进去。比如，中国人喜欢利用磨、碾等传统方式加工饮食，通过磨、碾等传统方式榨出来的豆浆不仅能将豆汁纤维的完整性保存下来，还能在制作过程中基于空气环境让豆汁发生氧化作用，促进蛋白质的形成。市场上销售的豆浆机几乎拥有一样的工作原理，利用高速旋转的刀具把黄豆磨成粉末，这样很容易对豆浆的结构进行破坏，不利于维生素 B 的保留。所以，碾磨之后形成的豆浆比普通豆浆机打出的豆浆拥有更好的口感。

三、功能体验美的设计创新方法

处理好物与物之间的关系是实现产品功能的重要基础，但是功能体验的获取必须将人与物之间的关系处理好。人在发挥自身价值的过程中产品功能起到的作用和用户形成的心理情感反应是功能体验一直强调的重点，比如，用户通过产品获得的轻巧、清晰、舒服、安全、温暖的感受和通过产品细节彰显出的人文特色，总体来说，情感和人机交互是人们获得产品功能体验的重要因素。情感化设计对用户的情感体验和文化生活更加重视，特别是关注产品细节影响用户情感和心理的程度。如今，日益发展的体验经济使得企业更加重视和关注消费者的情感，情感化设计的价值和重要性比产品功能本身更高，对当下以功能主义为主的技术超越情感的理念进行变革。

科学技术是重要的资源之一，但是人们要通过设计这个载体推动成果实用性的实现，才能对这种资源进行享受。如果科技是活水之源，则设计是沟渠，只有通过沟渠才能将活水传输到有需求的地方，将活水的作用和价值充分发挥出来，这也表示，只有利用设计，把科学技术向消费者需要的物质化产品进行转化，才能将科学技术的社会价值发挥出来。如果把纵轴当作科技性、横轴当作情感性，那么产品的功能体验设计便可以分成四个不同的区域。功能体验设计的追求在于向着高科技性和高情感化的区域设计产品。

早在20世纪初，以柯布西耶和米斯为代表的设计师就开始将趣味性和情感性融入产品设计和建筑设计中，逐渐关注功能实现与满足情感之间的关系。功能体验美在产品设计中拥有如此重要的地位，是因为通过人物互动的功能体验过程，人们才能从产品中获得真实的身心合一感受。就行为层设计来说，产品的功能体验始终是其关注重点，通过增强人与产品的互动，让使用者在心理和生理上获得更佳的体验。

利用技术实现了功能之后便能获得功能体验，需要注意的是功能实现是功能体验的基础和前提，最重要的是消费者通过使用产品是否可以获得最佳的消费体验。

第四节　形象内涵美

每一个产品之所以能给人正面、积极和良好的印象，主要是因为它包含了丰富的文化内涵和符号价值，这些价值和内涵就是产品的形象内涵美。形象内涵美是消费者以自己的价值取向和消费需求为基础和依据，在享受相关服务和使用产品的过程中形成的一种主观性的感受。即使是相同的产品也拥有不同的文化内涵和象征符号，消费者形成的感受也有很大的差别，这也为企业提高自身的竞争优势创造了新的路径。符号美学家提出符号是形象内涵的本质，能通过客观化的美的形式转变人的情感和生命，所以说符号是美学价值的重要内容。

产品的形象内涵和品牌形象之间存在紧密关联，一方面产品形象内涵的主要内容之一是品牌形象，另一方面产品的形象内涵会对企业品牌形象的塑造和提升产生一定的作用。产品的形象内涵是塑造品牌形象的重要基础和前提，一定程度上来说，在某些方面，品牌形象等同于产品形象。当企业把自身创造的产品设计形成一个统一的系列之后，便成为该企业的品牌形象，品牌形象对产品的设计创新产生约束作用，所以产品的设计创新始终要坚持对品牌基因进行继承和创新的原则。

一、形象内涵美的设计原则

形象内涵美的设计与前两者的最大区别在于需要从企业或者品牌角度考虑问题，需要注重企业文化、品牌形象和产品基因。因此，至少需要把握以下四个原则：

（一）创新性

就形象内涵设计来说，在对外横向比较的过程中存在的差异性和区别便是创新性。每个产品或品牌的形象内涵必须具备一定的独特性，这样才能将产品的个性特征充分表现出来，人们很难对没有个性的品牌或产品产生印象，所以说设计产品形象内涵的重要根基在于差异化的创新。任何产品都有属于它的消费群体，但是消费群体的差异会存在群体特征和消费心理的不同，他们的消费行为也会受到地方风俗民情和社会文化的影响。所以设计产品的形象内涵时，首要环节是对消费对象进行确定，进而定位产品的形象，再利用设计创新的方式对产品的特色进行设计和创新，而且产品的特色必须与消费者的预期需求保持一致，甚至能将惊喜之感给予消费者。最后再充分发挥市场营销手段和服务体验方式的作用，让产品的市场竞争优势和认知度不断提高。

（二）鲜明性

产品在设计风格和价值主张方面体现出的别具一格的特色便是产品的鲜明性，每一种产品都拥有不同的产品风格和价值主张，进而向消费者传递不同的产品信息，要想提高产品在市场中的竞争优势，必须将产品鲜明的设计风格和价值主张体现出来。一些全世界知名的设计企业在品牌特性上拥有非常鲜明的风格。

（三）延续性

虽然企业的发展必须与时俱进，紧紧跟随时代发展潮流对产品的设计形式进行改变，但是在改变的过程中必须将企业品牌形象的识别性保留下来。企业的延续性主要体现在企业的标志、产品语言风格和设计理念等方面。具体来说，企业创新产品风格和形象系统时与传统元素相融合，便是企业的延续性；人们也经常利用品牌的 DNA 遗传与变异来称呼延续性。

（四）真实性

产品的形象内涵美需要企业的宣传和推广，但是要想在大众群体中树立良好的口碑或形象，必须经过更多用户的长时间体验，所以企业宣传产品的形象内涵时要坚持真实性的原则，不能虚假夸大，否则不利于产品和企业形象的塑造和宣传。

二、形象内涵美的设计创新方法

身份象征、价值理念、文化内涵是产品形象内涵的主要内容，通过这几方面能将积极良好的体验传递给用户。一般来说，文化承载、品牌形象、商店网店美化、产品故事、价值主张、形象宣传等因素都会对产品形象内涵产生一定的影响。

（一）产品故事

如果一个产品包含了具有趣味性或诗意的故事，能让消费者在体验产品的过程中形成一系列美好的想象和联想，如此一来，不仅能让消费对产品产生深刻的印象，还能对产品的文化内涵进行突显，将独特和鲜明的精神审美体验赋予用户。因为产品背后的故事拥有独特的意义，所以每一个将卡勒瓦拉珠宝首饰佩戴在身上的人都被赋予了史诗的符号。

（二）文化承载

产品美学价值的本质就是突出表示一种文化，这种文化既包括了来自设计师的创造性文化和知识，还包括了由工匠精神文化、历史优秀文化、民族或区域特色文化等组成的其他文化的转嫁。不同的产品受到不同文化的影响，所形成的文化内涵也有所区别，就消费者来说，他们的审美认知和文化认同使其很容易被产品的文化内涵所吸引。比如，上文所提的芬兰卡勒瓦拉品牌首饰，他们在技术创新的同时，致力于传承和创新芬兰传统工艺，是勇敢、传统和纯真的象征，具有鲜明的民族和区域特色。

（三）产品价值主张

企业借助产品传递给消费者和社会的价值观念、理念便是产品的价值主张，不同企业所持有的产品价值主张不尽相同。一系列的实践和研究表示，产品价值主张更加积极向上、正面良好，更有利于企业树立自身形象和产品形象。如今在企业中最流行的价值主张是低碳环保，这个价值主张有利于树立积极的正面形象和声誉。

（四）包装设计

对于产品来说，它的包装设计不仅将产品别具特色的功能特点和艺术风格彰显出来，还能为产品的运输提供更多方便和保障，有利于产品美学价值的不断提升。拿插座包装来说，以往的包装能让人们一眼看到插座的款式、颜色和形状，就觉得有点低端；现在的插座不仅拥有现代化和简洁性的包装美，还能将插座的先进性充分体现出来。

（五）品牌形象

企业树立品牌形象的重要基础和依据在于企业形象系统，与企业的发展理念和文化内涵密切相关。很多企业花费了巨大的财力、物力、人力对企业形象进行更新。

（六）品牌推广

产品要加大形象宣传的力度，提高知名度，如此才能在市场竞争中拥有更大的优势。就产品的形象宣传和品牌推广来说，可以通过广告设计、海报设计、展会设计等多样化的方式提高产品的视觉美感，还要充分展现出产品的特点、优势、功能和价值。一般来说，拥有独特设计风格的产品形象宣传很容易吸引用户，让用户对产品形成深刻印象。很多知名品牌之所以会邀请明星做产品代言人，一方面是看中明星带来的粉丝经济效应，另一方面能让更多消费者通过明星对产品及产品的文化内涵、身份符号形成深刻印象。

（七）商（网）店美化

在如今这个体验经济时代，人们衡量和判断产品价值的重要标准和因素是服务体验，如果消费者被一个产品的外观或功能吸引了，但是该产品的售后服务环境、水平和态度都不够完善，则会大大降低消费者的购买欲望，交易就无法进行下去。因此，企业不仅要对产品形象和企业形象的塑造加强重视，还要在售后服务站、体验店的设计环境上加大力度，将更加温馨、周到的服务提供给消费者。橱窗设计、产品展示设计和店面形象设计是商店美化的重要内容，这些设计会对消费者关于产品设计的第一印象产生直接影响。同时，消费者的消费体验、对产品美学价值的评价都会受到产品交互界面和图文展示设计的影响。所以，不断优化和设计产品销售网站也是打造产品形象的重要内容。

三、形象内涵美的提升方式

形象内涵美与造型感官美的最大不同在于它的价值认知基于社会心理反应，需要与社会消费大众产生心理映射关系。产品形象内涵美的价值认可和提升不仅在于产品设计本身，更在于让消费大众熟悉和感知它的内在美。根据一般知名创新品牌企业的经验，产品形象内涵美的展现和提升方式可以概括为如下五种：

（一）高端切入

一般来说，高品质的产品象征着较高级别的身份，能将良好的功能体验给予高端消费者。高品质也表示产品拥有较高的价格，普通老百姓很难购买奢侈品，但是不得不说，很多消费者都对高端产品充满期待。企业要尽可能平衡好消费者和高价格之间的关系，始终以高端形象为自身的定位。企业对品牌形象进行树立时以高端产品为切入点，对更多的大众市场和消费市场进行获取。以特斯拉汽车为代表的新兴企业也是从高端产品着手，对积极优秀的良好市场形象进行塑造。拿特斯拉汽车来说，该品牌以高端跑车为切入点在市场中进行推广，短时间内便打响了企业品牌的知名度。要知道，在此之前，人们对电动汽车持否定、质疑的态度，特斯拉的出现打破了人们对电动车的定义，让人们的想法从"为了追求环保而使用电动车"向"自己想要使用的环保车"进行转变。一定程度上来说，能买得起特斯拉的人必定是要承担环保责任的富裕人群。事先了解过特斯拉公司发展历程的人都清楚，特斯拉制定了企业发展的三步走战略，该战略的最终目标是让特斯拉成为一个具有重要价值的大众产品，人人能够买得起、用得起。

（二）偶像魅力

虽然邀请明星代言产品需要许多费用，但是明星的加入有利于产品价值形象的提升，再加上明星的粉丝经济效应，产品的销售量将不断增加。拿耐克来说，该品牌的服务水平和技术水平较高，它还邀请了许多体育明星作为品牌代言人，极大地提升了企业形象和产品形象。乔丹品牌作为耐克旗下的高端品牌之一，以篮球巨星乔丹的名字命名，主要对服装、饰品和鞋类进行经营。乔丹拥有高超的篮球技术水平，他的篮球生涯充满传奇，拥有巨大的粉丝量。乔丹篮球鞋邀请乔丹作为品牌代言人和设计师，不仅将乔丹的创意想法融入其中，还与最新的球鞋科技和设计观念进行结合。

（三）情感吸引

情感吸引是企业打好"感情牌"，通过向消费者传递产品的形象和内涵，激发出消费者内心深处的记忆和情感共鸣，让消费者在心理上对产品形成可喜、可敬和可爱的感受、联想。具体来说，就是品牌的包装、外观形象、标识都要向消费者传递可爱的形象，从而吸引消费者。

（四）口碑传颂

俗话讲"金杯银杯不如老百姓的口碑"，如果产品能够获得消费者的良好口碑，并被不断传颂，那么产品形象内涵自然被越来越多的消费者认可。市场营销之父菲利普·科特勒（Philip Kotler）认为口碑营销更能够使受众获得和接受信息，更容易影响其购买行为。随着互联网的发展，口碑营销已经成为初创新秀企业和知名品牌最看重的营销途径。企业要获得良好的口碑并且被传颂，一般需要四个条件：①产品具有良好的品质保证，这是根本；②顾客让渡价值比较高，或说具有高性价比，并且用户体验良好；③建立交流平台或粉丝经济圈，并且用户具有较高的参与度；④有一批意见领袖或者灵魂人物，通过其自身或背后力量扩大产品口碑影响力。新能源汽车特斯拉、互联网企业小米等知名新秀品牌在创立初期都是几乎不打广告，而是靠口碑传颂被消费者熟知和高度认可。

（五）简单暴露

产品的形象内涵美是一种消费大众对品牌的心理印象，为了形成和加深良好印象，一定的广告宣传是必要的手段。心理学上的简单暴露效应（mere exposure effect），也被称为熟悉定律（familiarity principle），是品牌形象推广中重要的理论，这种理论的相关观点表示，就一定程度上来说，基于简单的无强化暴露理论，有利于增强对象喜爱刺激的程度，简而言之，熟悉是人们产生喜欢之情的重要来源。人们对科技的难接受性会直接影响到科技创新产品的销售量，如果充分发挥广告媒体和广告资讯的作用，则有利于提高消费者对产品的熟悉程度，削弱他们的难接受性。如果广告媒体或广告信息能对消费者的购买欲望和产品评价产生积极影响，则必然也会引导消费者主动询问创新产品，从而激发出消费者对创新产品的购买欲望和自觉评价行为。

第三章 产品设计的原则与程序

第一节 设计与开发的原则

产品的设计与开发是一项科学而严肃的工作，有自身的内在规律。制定产品开发原则的目的是确保有效地实现企业开发新产品的目标。产品开发的原则既是各项开发活动的规范，又是设计人员、营销人员在编制开发计划，收集产品构思、评价构思、筛选构思、试制生产、试销以及商业分析时应遵守的准则。概括地讲，在产品设计开发过程中，应遵循以下原则：

一、系统化原则

系统化是指协调整个设计活动的各个环节，从设计到生产，从选料到规范，多层次、全方位地构建起一个统一有序的结构。任何设计都是系统工程，需要多种专业知识的融合，需要各类专家和专业人员的通力合作才能完成。当我们着手进行设计时，不仅要考虑设计自身的问题，还要结合其他科学知识做出判断和设想，更要组织协调相关专业人员密切配合，才能获得成功。运用系统理论指导新产品开发，就要对产品开发的过程进行系统分析。新产品开发必须有全局观念，必须统筹规划，必须有一个考虑周全的优化模式。新产品开发系统也是分层次的，各层次应各司其职，才能达到有效开发新产品的目的。

二、创新性原则

企业坚持创新性原则是指在生产、构思和设计新产品的过程中，要充分发挥创造性思维的作用，学会标新立异，摈弃传统的方法和模式，不能盲目模仿同类型的其他产品，要为产品增加更多创新色彩。但是创新也要与市场需求相结合，这样才能吸引更多的消费者，加深消费者对产品的印象，将消费者的购买欲望充分激发出来。

产品设计的灵魂是创新，创新、创造、革新为发展提供源源不断的动力。但革新和创造并不是凭空想象，是受到历史经验、自然生活、社会实际的影响，产生的启迪和灵感，没有日常生活、经验阅历的积累，很难激发出创造思维。从本质来说，设计是重要的创造思维活动之一，详细了解市场中拥有较大竞争优势的产品，不难发现创新性设计是它们强大竞争力的重要来源。

企业生存和发展的根基在于产品创新，这也是推动社会不断发展和进步的重要力量，创新型的市场定位、设计方式、设计观念是开展现代设计活动的重要载体，所以，企业开发新产品要从以下六方面着手：

（一）设计理念的创新

设计理念的创新过程既是由美化生活到创造生活的过程，也是由让人们的需求得到满足到为人们创造需求的过程。设计师要重新思考产品用途和功能，对新的需求进行挖掘和创造，对新的设计方法、设计理念进行引导，让人们潜在的需求和追求得以实现。这也要求设计师具备一定的前瞻性，把人的期望和需求通过概念设计的方式呈现出来，再对设计的可实施性、可操作性进行考虑。

设计理念是指设计的主导思想，产品开发首先要关注设计理念的创新。人类寻求解决问题的方法多种多样，不同的设计理念就有不同的方法。

（二）设计定位的创新

设计定位的创新是要从以往的寻找功能定位向引领功能定位进行转变。随着信息化技术的发展，产品的功能愈加多样化，人们的功能需求侧重于品质和实用，审美功能上追求艺术性和人文性，这个转变过程充分体现出设计定位创新的新思路。

（三）设计方法的创新

实践是产生设计方法的重要来源，现代设计的复杂程度不断提高，每一种设计方法在应用上都存在一定的局限性和提升空间，所以，要综合应用各种方式，加强不同方式之间的借鉴和融合，推动新方法的诞生。

（四）功能层次的创新

在产品开发设计中，功能设计是其中一项重要内容。在产品开发设计的起初阶段，功能设计是将对市场需求、用户需求的分析结果抽象为功能目标，即对新产品的功能进行定义，然后，通过功能结构（功能系统）描述产品功能的分解与综合，选用不同的功能元，采用不同的功能分解方式和综合方式，将会形成不同的功能结构，实现产品的功能创新。

（五）原理层次的创新

当产品的功能结构（功能系统）确定后，就需要设计出实现产品功能要求的原理方案。原理设计主要针对功能系统中的功能元提出原理性构思，探索实现功能的物理效应和工作原理。实现产品功能的原理可以有多种方式，例如，实现空调的制冷功能就可以通过压缩式制冷、吸收式制冷或半导体制冷等制冷原理来实现。

（六）结构层次的创新

产品开发设计中结构层次的创新，是指从实现原理方案的功能载体的结构特征出发，在产品形态设计阶段，通过对设计方案的各种功能载体的结构特征进行创新设计，从而改变功能载体之间的功能组合，实现产品结构层次的创新，用更为先进的功能模块置换原有技术上已落后的功能模块。例如，用人脸识别技术模块来取代原有的指纹识别功能模块，实现笔记本安全功能上的结构创新。再如改变产品的功能载体的形状特征、尺寸大小以及改变产品的功能载体之间的相对位置等，都属于产品结构层次的创新。

三、经济性原则

因为新产品必然会面向市场，所以开发新产品也是一门重要的营销艺术，企业通过开展营销活动产生的盈利决定了新产品的效益性。经济性是营销活动的本质属性，该活动的主要目的是通过商品销售推动企业利润的增长。新产品的开发和其他纯粹的艺术产品之间最大的不同便是经济性，经济性也是判断新产品开发是否成功的重要因素之一。

人们产生所有行为的基础原则和依据是经济性原则。在人类社会早期，动物性的本能会激发出经济性原则，如今随着工业社会的来临，人类社会的文化性结构是形成经济性原则的重要来源。

所谓经济性原则，就是在照顾到生产者与消费者共同利益的前提下，尽可能设计物美价廉的产品，使人人享受到产品设计带来的现代文明的成果。

首先，就人人有可能拥有的具有不同技术含量的各类产品这些现代文明成果的现实而言，再也没有什么像经济性原则这样具有人性化的意义。只有坚持非精英化、非贵族化的平民化设计方向与思想，才可能设计出被社会各阶层所接受的物美价廉的产品。这无疑具有宏观上的人性化原则的意义。

其次，经济性原则还体现在产品设计必须注意到生产者与消费者的共同利益。"注意到生产者的利益"与"注意到消费者的利益"是辩证统一的关系。只注意后者，一味地要求价廉，而牺牲生产者应有的利润与积极性，这肯定不是一种健康的经济行为。只有注意到生产者的利益，才有生产者的积极性，才有可能把产品设计的文明成果推向全社会。产品设计的一个重要任务就是如何恰当地把握双方的利益。

经济原则总的来说是经济核算原则。富有伦理精神、人文精神的现代工业设计，已经把设计的这一种人类行为理解与发展为一种人类生存与发展方式的规划与设计，其"经济核算"必须反映出整个社会系统的利益，即生产者的利益、消费者的利益以及社会与环境的利益。

要想使经济性原则贯穿新产品开发过程的始终，首先要利用经济学的相关理论和方法认真系统地分析新产品的目标市场，从而对产品潜在的市场容量有深入的了解，也可能会挖掘出目标市场隐藏起来的复杂问题，帮助企业在新产品开发中避开风险。

四、需求原则

消费者的需求是开发新产品的根本立足点。企业要充分发挥市场调查手段的作用，对目标市场的发展方向、目标消费者的喜好和消费习惯有全面的了解。以调查结果为重要依据，组织开展评价、筛选、构思新产品。总而言之，筛选新产品构思的重要依据是消费者的需求。

设计的产品必须在安全可靠性、技术性能方面达到较高水准，而且产品系统要符合人体规律，如此才能让用户在使用或体验产品时更加舒适，不会损耗过多的能量。比如，以前设计家具时，人们喜欢使用一些精雕细琢的装饰，但是这些装饰清洁难度较大，需要耗费很多时间，人们很容易疲惫，而且还会给人们的衣服和皮肤带来一定的损害，所以现在的家具设计便摒弃了这种不实用的设计。

企业经营者要加强维系与消费者的关系，彼此之间增强沟通与联系，让消费者为新产品开发出谋划策、献出自己的想法和点子。如此一来，便给新产品开发带来了较大的营销优势。企业要事先对消费者的特征进行统计，并把他们分成多个小组，将他们参与开发的积极性充分调动起来。同时，也可以在开发新产品的组织架构中、使用新产品的过程中、新产品购买的过程中等各个阶段，让消费者对新产品的构思、创意进行检验和评价。

五、实用性原则

产品所包含的能让人们在物质效用功能方面的需求得到满足的功能和性能就是产品的实用性，总体来说，产品的实用性是指产品在规律允许范围内所具备的效能和功用及目的性，比如，冰箱的性能和功用是保鲜食物，电视机的性能是把声音和图像传播给观众，洗衣机的性能是净化衣物。

任何物质产品，它赖以生存和持续发展的根本在于实用性。换句话来说，实用性是每一种物质产品存在于世界上的唯一理由。所以，设计人性化原则包含的所有原则中排第一位的是实用性，工业设计中最基本、最重要的原则之一也是实用性。

如果一个产品不具有实用性，或不再让它发挥其实用性，那么它就没有存在的可能与必要。如果它仍然存在于我们的生活中，就是它已经成为一个艺术品。除此之外，没有其他的可能。例如，一台洗衣机，如果不具备洗衣的实用性，那么它就没有存在的必要。如果它仍然在我们的生存环境中存在，那它就是由于它所具有的特殊的审美功能被当作艺术品或收藏品而存在。这种审美功能未必是其形式美感吸引人们，更有可能的是由于其身份特殊而引发人们收藏的动机。

六、量力而行原则

由于技术材料、加工工艺、销售系统等原因，设计必须遵循一定的科学规律，以可行性为基准。一切新颖、奇特、超群的设计固然是好，但反对不切实际的创新。开发新产品需要投入大量的资金和时间，并需要一定的专业技术。在市场经济日益发展的今天，大多数产品的市场已趋于饱和，产品销售也停滞不前。因此，任何新产品的上市都必须先以另一个产品的退出为代价来赢得市场份额。与此同时，竞争对手也在努力调整经营结构，组织力量开发新产品。这就意味着他们会不顾一切地阻止其他企业进行类似产品的开发、试销和上市。新产品的每个实验市场都有可能受到竞争对手的广告促销和人员推销的影响，所以新产品的成功开发是很艰难的，这不仅需要决策者根据本企业的实际情况量力而行，还需要慎重判断，明智引导。

七、审美性原则

设计活动是一种满足社会需求的社会化造物形式，同其他的艺术形式一样，它们既包含物质成分，又不同于一般的物质；既包含精神成分，又不同于完全精神化的东西，它是人类在一种很特殊的精神指导下以实物形式所进行的造物活动。设计要重视人们的精神享受和审美需求，体现时代和社会的审美情趣，这是人们对设计美观的基本要求。产品的美观性指的是产品形式上的创新，在满足人们的基本使用功能要求的基础上，也要满足人们对美的追求，并在心理上得到愉悦。好的产品设计在与人的交流过程中，通过表现有形的外在形式上的物理化特征的同时，更多的是阐释产品隐含的内在品位，就是自身所包含的各种文化特征，因为审美地域性的差异必然会带来对形态审美认同上的差异。

设计的审美性原则是指设计时要考虑所设计产品形式的艺术审美特性，使它的造型具有恰当的审美特征和较高的审美品位，从而给受众以美感享受。审美性原则要求设计师创造新的产品造型形式，在提高其艺术审美特性上体现自己的创意，同时也要求设计师具有健康向上的艺术和审美意识。

一般来说，产品的审美性不只是产品外表的装饰或者某一种附加在产品上的形式，而是产品的外在表现形式与内在因素共同构成的有机融合体。

造型是设计的重要任务之一，造型结构的设计和实现必须以既定的目标为指导，与一定的技术、材料、工具相结合。造型是表现设计特征、内容、本质的重要载体，基于造型，设计才具备实体化、明确化和具体化的特征，具体来说，通过造型才能把设计转化成具备一定美感的物态化形式。如蓝图、产品、草图、示意图、结构模型……一定程度上来说，设计活动等同于形式赋予活动。

产品失去了造型则无法生存和发展。设计活动是从综合性角度出发创造和确定的一种形式，设计对象不是已经存在的某种物质或产品，设计活动也不是重新美化和装饰一种物品，而是从产生设想的瞬间就开始着手对形进行构造。

设计的基本任务是造型，设计的基本语言是形，创造物品和创造造型之间存在紧密关联。每一种实在的物品与它的形之间相互依存，人们可以看到、感觉到物的形。人们带有一定目的和意识对形象进行创造最后塑造出来的都是造型；不管是画家创作的画、工人制作的齿轮，还是设计师制作出的服装，都是造型。所以，造型设计拥有多样化的层级和种类。产品造型是在保障产品实现实用性功能的前提和基础上制作出来的造型。工人制作齿轮的过程中要对物与物的关系进行思考，而人与物之间的关系是设计产品造型的思考重点。

产品的形式美观是满足人们心理需求的必要条件，它必然要建立在物质技术条件上，通过外在因素体现物质功能和技术功能，内在因素反映文化内涵和情感表达，内外因素二者相互作用构成产品的精神面貌，传递了设计作为一种社会文化的表现形式。

总而言之，我们不能以拥有形式美观和多样化功能的产品为唯一追求，要尽可能地实现产品的美观形式，但这并不是设计产品的最终目标。同样地，不管是产品的精神功能还是物质功能，都只是充分呈现出产品的设计思想，而不是产品设计本身的内容。我们将产品的功能和具体形式创造出来之后，它们便存在于现实生活的过去时态中，但是在这个过程中，我们要把对自身和世界的理解与文化的未来发展相结合，这才是我们要追求产品形式美观的永恒追求。

第二节 产品设计计划

一、产品设计调研内容和方法

在产品设计规划的前期是先形成产品概念，再进行市场调研，还是先进行市场调研然后再形成产品概念一直都是一个有争议的问题。实际上，产品概念的形成过程中市场调查是必不可少的一个环节，但是在一个新产品概念需要开发成新产品并最终投放在市场的过程中，产品概念形成之后，一定需要更为系统的市场调查。这个过程实际上是一个相互交叉、不断重复的过程。

（一）产品设计调研内容

1.市场前景调研（需求分析）

随着市场竞争越来越激烈，企业会发现，设计创新变得尤为重要。产品设计创新首先要从设计的角度进行市场调研，关注作为设计创新基础的用户体验，了解市场以及用户的需求，使设计不再只是新产品开发过程中的一个单一的环节，而是将设计的理念和意识贯穿于整个设计过程中。市场需求的研究目的是为产品创新设计定位，为设计方案构思、评估提供依据。而要进行产品市场调研，必须了解产品的市场生命周期和产品的市场需求。

（1）产品的市场生命周期

任何一个成功的产品都会经历几个阶段：产品的开发期、产品进入市场、产品的成长、产品的成熟、产品的衰退、退出市场。所以，产品的市场生命周期一般可分为四个阶段：导入期、成长期、成熟期、衰退期。这四个阶段的产品呈现出了不同的状态，产品的设计开发策略也会不同。

导入期是指将产品投放到市场中，让一部分勇于尝试的消费者去使用，并提出一些意见或者建议，然后进行市场调查，对导入的产品进行改进。产品的导入期是企业一个大的投入阶段，主要是资金和技术的投入，企业在此过程中必须承担很大的风险。

成长期是产品的一个试销阶段。随着消费者对产品了解的加深，产品开始有一定的销量。这个阶段是一个比较主要的阶段，市场对产品的认可和关注是产品成败的关键。这个阶段还会对产品进行技术上的完善，并且会加大推销的力度，提高产品的品牌和知名度，扩大产品市场。

　　成熟期是指产品的设计已经比较完善，产品的市场销量也已经到达饱和状态。这个阶段主要是产品的一些细节上的完善，强调产品的细部和人性化等方面。同时这个阶段也是产品竞争比较激烈的一个阶段，要强化产品的品牌形象。

　　衰退期是指产品已经趋于淘汰阶段。在这个阶段产品的销量也会开始下降。新的市场需求和新产品就要开始被挖掘。这样，新的一轮产品更新换代的设计开始了。

　　产品的市场生命周期是一个循环过程，也是一个产品不断进化更新的过程。任何一个产品大体上都会随着这样的一个过程发展下去。

　　当产品处于前两个阶段时，企业应加大投入，尽快使其进入成熟期，以便企业获得最大效益；处于成熟期的产品，企业应对其应用技术进行研究，使得新技术替代原技术，以应对未来的市场竞争；处于衰退期的产品，企业利润急剧下降，应尽快淘汰。产品的生命周期可以为企业产品规划提供具体的、科学的支持。

　　（2）产品的市场需求研究

　　对于一个新产品来说，市场需求是确定产品商机的根本。一个企业在长期的实践过程中会积累很多经验，在确定新产品的商机之前，企业的工作人员会根据自己的经验对市场做出一定的判断，从而得出一个大概的结论。但是经验有时候也会出现偏差，所以还需要进行实际的调研了解当前市场的具体情况，分析其发展趋势。

　　市场需求研究主要是针对消费者对产品认知度以及产品的市场覆盖面的研究。首先是了解消费者对现有产品的观点、看法和意见以及对新产品的憧憬，进而了解市场具体的一个动向以及产品在市场上的销售情况，最后对这些信息进行整合、分析。

　　2. 产品的消费潜力分析（用户调研）

　　对于用户而言，最关心的问题是：一个新产品的功能是否能够满足自己的需求，是否符合自己的经济承受能力。因此，了解用户对产品的评估将会直接影响到产品后期的设计规划。

　　另外，产品在某种程度上也是某种生活方式的象征。在满足使用功能的前提下，人们要寻找能够体现自身价值和素质，并且符合他们所选择的生活方式的产品。基于这样的考虑，每个消费者头脑中都有一份这样的隐性产品目录，他们希望产品能够更好地反映他们的身份和自己想要的生活。如果产品属于这个目录范畴，那么在特定的人群中就具有潜在的市场。

　　3. 同类产品的调研（竞争产品的分析与调研）

　　竞争对手的产品是会直接威胁到新产品市场销售的，因此，在实际调研中，对消费者进行分析后，也一定会对竞争对手的产品进行调研，正所谓"知己知彼，百战不殆"。对竞争对手的调研使得市场调研更具目的性，并且能够了解市场的需求和空缺，从而找到新产品的商机。

通常对同类产品进行调研，主要是研究几方面的问题：产品的创新点、产品的款式风格特点、产品的市场竞争力、产品的价格、产品的促销手段等。通过剖析同类产品的优缺点，从而找到新产品的设计切入点，挖掘新产品的商机，在市场竞争中赢得自己的位置。

如要设计一款手机，应该对其同类产品进行调研，通过了解其他手机的创新点、价格、使用材料等，确定企业自己的产品定位。

4.产品设计深入调研

从产品自身的情况进行调研，主要包括产品的功能、材料、技术、成本、款式。通常情况下，产品的使用功能、产品设计过程可能使用到的材料、产品设计过程可能应用到的技术、产品的预算成本、产品可能的款式风格是一个产品设计过程中最重要的几方面，通过产品调研，熟悉产品自身的特点，从而为产品设计提供前提条件。

（二）产品设计调研的方法

一个企业要开发一个新产品，首先必须发现其现存的或者是潜在的市场机会，然后再通过市场调查的方式获取有用信息。通常，为了能够获得充足的资料和信息，企业会采用各种各样的方式来进行市场调研。一般选择的角度不同，市场调查方法也会有多种不同分类方法。按照调查的对象范围的不同，可以把市场调查方法分为全面调查和抽样调查；按照调查方式的不同可以分为直接调查和间接调查，其中直接调查又可以分为访问法、观察法和实验法。而访问法一般包括面谈法、小组座谈法、德尔菲法、电话调查法、邮寄问卷调查法。间接调查有文案调查法和网络调查法。

在市场调查过程中，问卷调查是最常用的方法之一。而问卷是进行市场调查的一个工具，也是市场调查获得成功的关键。问卷调查是根据所要调查的项目对消费者进行的有针对性、有计划的问卷提问形式的调查方式。根据问卷的结果，再进行统计，计算出统计概率，并汇总成表格，通过进行统计数据分析得出相应的结果。这种调研方式可以比较准确地了解消费者对产品的外形、性能等的评价，在接下来的产品开发中可以进行有针对性、有目的的设计。

下面介绍一下常用的调查方法：

1.访问法

通过直接与调查者进行接触获取信息，这种方式获取的是第一手资料，是调查过程中最重要的调查方式之一。

　　面谈法是一种面对面的调查方法，通常是调查人员直接向被调查者口头提问，并且当场记录答案。面谈调查法的特点是能够通过与被调查者直接沟通获取基本的信任，从而提高调查的真实性，获得比较准确的信息。在调查过程中，调查者可以通过自己的引导来控制整个访谈质量。但是这种调查方式通常需要的成本较高、周期长，因此，调查要求较为紧迫的情况下，不宜采用面谈调查法。

　　小组座谈法是一个小组的被调查者在一个经过训练的主持人的引导下，以一种无结构的自然会议座谈形式进行交谈，最终获取对一些问题的意见或建议的调查方法。小组座谈会的特点在于它是同时与多名被调查者进行交流的一种方式，即通过与若干个被调查者的集体座谈来了解市场信息。小组座谈会议的优点是收集资料的速度快、范围广。由于同时与多名被调查者进行沟通，极大地节约了时间和人力，提高了调查的效率。

　　德尔菲法是各地专家小组单独地针对同一问题按照规定的程序，各抒己见，互不影响，并且经过反复的询问使不同意见趋于一致得到调查结果的一种调查方式。该调查方式采用的是匿名制，给调查小组创造一个自由平等的氛围，同时可以使调查小组能够独立地思考问题，避免受到其他人的干扰。

　　电话调查法是指调查人员与被调查者通过电话进行语言交流，从而获取信息，采集数据的一种方式。通常情况下，电话调查法是作为面访法的一个补充。电话调查可以缩短调查时间，减少调查费用，提高调查活动的效率。但是电话调查的访问时间很难掌握，调查失败率较高。

　　邮寄问卷调查法是指调查者通过邮寄的方式将调查问卷送至被调查者手中，由被调查者自行填写，然后将问卷返回的一种调查方式。这种调查方式可以扩大调查的区域，并且可以节省调查费用，但是通常回收率较低。

　　访问法是最为常见，也是大家比较熟悉的一种市场调研方式，总的来说，这种调查方式耗资较少，但是很多时候不一定能收到良好的效果。所以，通常还会用到观察法和实验法，这两种方法也是直接收集一手资料的调研方法。

　　2. 观察法

　　观察法是指观察者根据研究目的，有组织、有计划地运用自身的感觉器官或者借助科学的观察工具，直接搜索当时正在发生、处于自然状态下的市场现象有关资料的方法。观察法是直接调查的方法，能够科学地获得第一手的感性经验材料，从而为理性认识提供了条件。观察者从不同的角度了解市场现象，能够比较全面地、直接地获取资料。

　　3. 实验法

　　实验法是指在特定条件下，通过实验对比，对市场现象中某些变量之间的因果关系及发展变化过程加以观察分析的一种调查方法。实验法同观察法一样，都是人们去收集调研资料的直接调查方法。实验法在操作上更为复杂，形式上更高级，虽然是调查方法中比较重要的一种方法。但是实验调查法耗时长，花费高，会增加市场调查过程中的整体预算。

4. 文案调查法

又叫作文献调查法，是市场调查人员利用企业内部和外部、过去和现在的各种信息、情报资料，对调查内容进行分析研究的一种调查方法。文案调查法通常是第一手材料难以得到或者不够用时使用的一种方法，它是一种间接地收集调研材料的方法。文案调查法不会受到调查人员和被调查者主观的干扰，得到的资料比较客观真实。但是文案调查法缺乏时效性，通常随着时间的推移和市场环境的变化，这些数据可能失去参考价值。

5. 网络调查法

是利用国际互联网作为技术载体和交换平台进行调查的一种方式。这种方式调查对象比较广，可以涉及各个行业。调查速度也非常快，调查成本比较低廉，科学合理地利用网络调查可以缩短市场调查的周期，减少调研成本。

这些市场调研方法是市场调研中较为常见的，一般通过以上的方法基本能够完成产品市场调查工作。通常情况下，这些方法也不是单独使用的，有时候也会几种调查方式同时使用，能够更加全面地获取所需要的信息。

（三）调研结果的分析方法

市场调研过程完成了资料的收集工作，但是这些资料比较凌乱、分散，其中有些资料的真伪也需要考究。所以，调研者需要对资料进行整合和分析才能得到真实有用的信息。通常，调研结果的分析分为两步：第一步是进行资料的整合工作；第二步是将整合数据信息进行数学分析。

1. 资料的整合

资料的整合工作是运用科学的方法将调查所得的原始资料按照一定的方式进行审核、汇总，并且进行初步处理，使调查的数据信息有一定的条理，并使之系统化。

资料整理一般有如下步骤：首先是资料的接收，比如说邮寄问卷的收取等；其次是数据的编码和录入，这个过程主要是将一些文字信息转化成电脑能识别的数字符号，这样便于后面进行数据的分析处理；再次是核对录入信息，保证信息的真实性，同时要进行去伪存真，查找缺失信息，使调查的信息完整系统化；最后给统计数据进行预处理。

2. 研究结果分析方法

常见的数据资料分析方法有两种，即统计分析法和描述分析法。

统计分析法是运用统计学方法对调研得到的数据资料进行定量的分析，以揭示事物内在的数量关系、规律和发展趋势的一种资料分析方法。常见的统计方法有五种：描述分析、推理分析、差别分析、相关分析和预测分析。每一种数据分析都在数据分析过程中担当着独特的角色。

描述分析法通常是通过图表、表格等方式进行分析。资料的列表是指将调查数据按照一定的规律，用表格的形式表现出来。通过列表能够使数据清晰明了，而将数据图形化，就可以更加直观形象地表达信息。

二、市场定位及产品定位

（一）调研结果分析及可行性分析

1. 调研结果分析

在市场调查过程中，主要是对市场需求、消费潜力、同类产品、设计产品进行了调研，并将调研数据进行了整理分析，最终获取了市场和产品相关的有用信息。为了进行产品设计可行性分析和市场定位，必须对获取的信息进行全面的、系统的综合评估。

对调研结果的分析是市场定位的前期工作，调研结果为市场定位提供了一个参考。

2. 可行性分析

经过市场调研，了解市场需求和客户态度，在对这些资料进行整合分析得到系统全面的信息后需要对市场和产品设计进行可行性分析。可行性分析主要包括以下四方面的内容：

（1）产品开发的可能性与必要性以及消费者反应态度强烈性。

（2）该产品目前国内外的现状、水平及竞争对手的产品状况。

（3）该产品的技术要领是否能够实现，材料需求是否能够满足。

（4）预算投资费用及项目进度、期限等，企业是否能够承受。

可行性分析与研究是产品规划过程中极其重要的一部分。产品分析是否透彻，研究是否全面直接关系到产品开发设计的成败。但是分析过程也不能太长，一个产品只要花时间总能寻找到更好一点的解决方案，一味追求完美有可能会痛失商机。因此，在分析研究过程中，一定要找到设计与商业目标的平衡点。

（二）市场定位

1. 市场细分的概念

目标市场的确定阶段首先要明白市场细分的概念。市场细分是 20 世纪 50 年代中期提出的概念。主要是指企业根据消费者需求的不同，将市场分为不同的消费者组成群体，企业再根据不同的消费者群体，提供不同的产品，并且采用不同的分销渠道和广告宣传方式。通常人们把市场细分为分众市场和小众市场。有时候商家根据消费者的不同需求，会将需求相同的一些消费者归为一类，形成总市场中若干子市场，也被称作细分市场。

2. 市场细分的依据

市场细分的依据主要有五方面：地理位置特点、人口组成特点、经济状况、社会文化背景、科学技术发展状况。

（1）根据消费者的地理位置来进行市场细分

通常情况下处于不同的地理环境下的消费者受到地理环境、气候因素、社会风俗的影响而有一定的区别，而处在同一环境下的消费者在某种程度上会有一些相似点。但通常即使处在同一个环境下，很多人消费观念还是有一定的差距。所以，在市场细分过程中，除了地理因素以外，其他因素的考虑和分析也是很重要的。

（2）根据消费者的性别、年龄、受教育程度、职业、家庭结构等因素进行市场细分

通常情况下，消费者的消费观念和人口统计因素有很密切的关系。性别和年龄是两个比较重要的因素。一般男性和女性购买的方式和习惯就有很大的不同，不同年纪的消费群的消费习惯也有很大的区别，这是市场细分过程必须考虑的因素。同时，市场的消费需求是由消费者的购买能力决定的，由于收入等方面的差异，对产品的需求也会有所差别，这也是市场细分必须考虑的因素。

（3）根据地区经济发展程度进行市场细分

一个地区的经济发展程度会影响消费者收入水平，从而影响消费者的购买能力。通常根据不同的经济发展情况，产品的设计也会有针对性。一般地，产品的定位是平民化还是高档化都与经济因素有直接的关系。产业和市场结构也属于经济因素之一。一个国家或地区的经济发展较快，相应就会带动消费产业发展。因而，市场细分过程中经济因素值得一提。

（4）根据社会文化背景进行市场细分

社会文化对人们的生活方式、价值观念和消费习惯等方面产生潜移默化的影响，进而会影响到市场需求。社会文化是一个精神范畴，包含的范围也比较广。对于市场细分，社会文化代表了消费者的精神追求、生活品位的选择，是企业必须引起重视的环节。在大批量市场的时期，价值被看作是一定价格的产品功能或产品所提供的服务。更高的价值往往表现在精神的追求和文化层面上。产品的价值必须与对应消费群体的价值观念和生活方式相吻合。

（5）根据科学技术发展状况进行市场细分

科学技术的发展使很多新产品的诞生成为一种可能。多年来，随着科学技术的进步，新技术支持下的新产品不断涌现，这是社会进步的必然趋势。现如今，市场机会与科学技术有着紧密的联系，技术进步已然成为公司成长中的创造力。因此，市场细分过程中，科学技术是支撑产品的一个重要的因素，是必须进行慎重调研和认真分析的部分。

3. 市场定位

当对市场进行细分之后，就要对细分市场进行分析，然后综合各方面的分析最终定位目标市场。

市场定位是由两个美国的广告经理阿尔·里斯（Al Ries）和杰克·特劳克（Jack Trouk）在 1972 年提出的。企业在细分市场后，需要对各个细分市场进行综合评价，并从中选择有利的市场作为市场营销对象。这种选择确定目标市场的过程就叫作市场定位。

要进行市场定位，必须对以下两方面进行分析研究：

（1）企业在市场中能够获取多大的市场占有率以及企业潜在的消费群有多少。

（2）细分市场的规模和消费潜力是否能够使企业盈利。

只有对市场进行认真的调研分析后，企业才能有足够的信心确定目标市场。目标市场确定后，产品的设计目标就开始变得明朗起来。通常，市场定位的同时其实也对产品设计进行了大致方向的定位。

（三）产品定位

进行市场定位后，就可以根据目标市场特点给产品进行定位。通常主要是从产品的功能、材料、款式、技术、成本、品牌形象和价格等方面进行定位。进行产品定位需要深入地研究目标用户的生活方式特点、使用产品时的行为和方法、当时社会的潮流、人们的审美心理等，在此基础上进行分析，综合考虑，最终定位产品，确定产品大致的设计方向，塑造自己产品独特的个性，使产品符合目标市场需求。

对产品设计时，产品自身的特征定位是最重要的，因为调研的同类产品的结构、功能、造型、质量、价格都已经清楚，产品自身的特征的定位必须有别于其他同类产品，并且有自己的优势。这样，产品上市后才能获得消费者的青睐。

通过产品设计定位，确定产品的主要功能特征和外形风格特征，为设计提供指导作用。

三、产品款式风格设计

产品设计是设计师将技术、艺术、社会、人文、时代等观念通过产品表现出来，使其满足基本的使用要求，体现其存在价值的一个过程。设计过程中必须将制约的普遍因素与表达造型风格进行协调，使设计能够凸显产品的形象个性。产品设计风格实际上就是技术、材料、工艺、形态、色彩、造型艺术等语言形式在产品外在形态的设计中的充分体现。

（一）产品款式风格设计的概念和意义

1. 产品款式风格设计的概念

款式风格设计是一门艺术创作，是设计师对产品视觉吸引力的创造。一个产品在技术水平相当的情况下，款式风格设计可以增加产品的附加价值。产品的款式风格设计必须与整个产品开发设计的过程统一、协调。因此，款式风格设计是贯穿整个产品设计程序始终的。产品从策划到生产的各个阶段，款式风格设计都是相伴左右的。并且，款式风格的设计会随着设计活动的展开而不断改进和完善。

款式风格的空间是一个限定的空间，而不是一个无限的空间，因而，产品款式风格设计并不是天马行空地自由发挥，它必须符合开发性产品的商业目标，符合企业对产品的市场定位。设计师必须对此了然于胸，并且思考如何将产品款式风格表现在产品设计中，才能对产品的款式风格有一个更好的把握。

2. 产品款式风格设计的意义

一个产品的款式风格具有一定的吸引力，能刺激消费者潜意识对美的感知。在购买商品时，消费者会主动去了解产品的功能及其他属性，这就是产品款式风格对人的潜意识感知的引导作用。

企业品牌形象设计是企业宣传自己的一个重要途径，一个好的款式风格设计可以通过明显的视觉特征，比如，特定的色彩组成和形态特征，创造一个鲜明的品牌形象，易于消费者识别，便于产品宣传和推广。

一个产品在特定的环境下产生，会融合特定历史背景下的文化。款式风格设计作为一种产品设计的外在形式，会将文化这个能够表现其内涵的因素加入。这样，某个时期某个地区的文化通过产品就能够得到一定的传播和发扬。

（二）产品款式风格设计的特点

现今，产品的款式风格呈现一个多元化的状态，它表现在人类文化、科技文明、人文观念、社会历史和民族的地域文化等方面。人们认识产品的款式风格是通过产品的造型产生直观感觉开始的，再通过形态语义所表达的使用功能、操作方式、审美趣味的意向来深入了解产品的内涵特征，从而区别不同的产品款式风格。下面重点介绍产品中常见的款式风格，如中国风、高科技风格、商务型风格、时尚型风格、复古型风格。

中国风是以中国元素为表现形式，建立在中国文化的基础上，有着自身独特魅力和特点的艺术形式。中国风的产品体现了中国独特的文化内涵和艺术魅力，是一个时代文化和精神在产品中的凝结。通常一件普通的产品一旦被赋予了某种文化信息，该产品的价值和品位就会得到提升，使产品的精神内涵更加丰富。例如，青花瓷器、唐装汉服、明清座椅等都是具有中国风格产品的典型代表。

高科技风格是设计师在设计过程中通过新技术新材料的使用使产品呈现出一种未来感和品质感。随着科技的不断进步，源源不断的新材料、新技术的出现，给设计师的创造提供了很多的可能。高科技风格是一种充满科学气息和工业感的前沿化产品风格。

商务型款式风格的特点是色调稳重，不花哨，造型简洁大方合理，气质硬朗干练。注重产品的使用性能，体现产品的高效和便捷。在快节奏的都市生活中，商务型也是比较常见的一种款式风格形态。

时尚型风格的特点是色彩亮丽，对比强烈，造型流动夸张，追求个性，迎合了当代的潮流，例如，学院风、都市型、日韩潮，欧美风等。

欧式复古风格，一方面在于它属于欧式风格，另一方面它又属于复古类型。欧式复古风格在装修上最大的特点是造型极为精致，整体的家居给人一种高贵华丽的感觉，并且充满了浓厚的文化气息。家具一般比较精美，颜色大方，配上精致的雕刻和艺术感十足的装饰品，还原了欧式宫廷时期的华丽原貌；美式复古风格强调它的实用性，主张温馨舒适，比较粗犷的设计风在整体上追求一种历史积淀感、原汁原味的自然气息，不提倡过度的华丽繁杂。

（三）产品款式风格设计的知觉

1. 产品的视觉知觉

人类的知觉主要是靠视觉来支配，而产品的款式风格主要是通过视觉知觉来传递的。人类的感应细胞能把视觉的图像分解成基本元素。图像分解成基本元素转换成视觉的信号后，它们将被传递到大脑，大脑对这些内容进行简单的整合处理，这是视觉识别和记忆的简单过程。这个过程也正是款式风格设计能够吸引人的最根本的生理原因。

视觉知觉有两个显著的特点：第一，视觉拥有处理能力，人通过视觉看到图像，在没有思维的情况下形成一个影像，然后再通过有意识的处理、审查，找到事物的特点；第二，视觉有潜意识的优先权，即当人第一眼看到某个事物时，在潜意识里形成一个完整的图片，这就是视觉的潜意识优先权。

2.产品款式风格知觉

通常，产品款式风格是指人们潜意识知觉阶段所判断的图形特征。它只作用于人们的视觉感知系统，因此，设计一个产品，最好使用符合人类共同视觉、知觉特征的形态元素。认识和理解人类共同视觉、知觉特征或者视觉、知觉规则，是产品款式风格设计的重要前提。而视觉、知觉的一般规律是格式塔视觉规则。

格式塔视觉是指对于一个图形，人们通常会先看到它的整体，然后再去关注它的局部，而人们对图形的整体感受也不等于局部感受的加法，而是会不断地试图在感官上将图形闭合。

视觉知觉的格式塔规则对款式风格设计具有重要意义，主要表现在以下两方面：

（1）可以运用格式塔规则有效地整合产品构成因素

在设计过程中，利用格式塔规则可以使产品的视觉出现比较协调的美，给人一种舒适性和秩序感。

在和谐的基础上，局部产生一些形状、大小、颜色的变化，并没有改变整体的同一性质，这就是和谐中的变化。总体来说，还是比较协调的美感。

（2）格式塔规则可以使产品设计风格趋于简约化

从广义的角度来说，格式塔规则对产品款式风格的最大影响应该是视觉简约规则。例如，在产品设计过程中提倡对称美，去掉过分的装饰，保留最简单的线条，形成简约、纯粹的产品形态。

（四）产品款式风格设计的决定因素

产品款式风格的层次由低到高可以分为三个层次：最低层次是视觉系统直接感受产品特点。产品的最初印象是由人的潜意识视觉程序决定的，产品款式风格特点以最简单直观的角度呈现出来。第二个层次是对视觉系统感受的直观图形进行分析，是一个对图形的感知过程。这个过程产品款式风格层次深入了一步，需要通过大脑分析获取产品款式风格特点。最高层次是款式风格融合了社会、文化和商业因素，是从表面到深入内涵的一个递进过程。

1.款式风格设计的决定因素

（1）社会、文化因素

社会影响是最直接、最多变的。对于一个公司而言，当下流行的趋势和潮流往往就决定了产品的款式风格和定位。

设计师如果不了解社会的流行趋势，就很难设计出流行的款式风格。文化具有长久影响，通常一个社会群体具有共同的价值观和信念，并且这种价值观和信念会影响该社会群体的每个成员，最后就形成了共同的产品款式风格。

（2）商业因素

对于一个开发性产品而言，它的出现需要承担一定的商业风险。同样地，款式风格设计也要承担相应的风险。为应对这一风险，一个企业在进行产品款式风格设计时，通常可以从以下两方面入手：一是从企业自身的发展来考虑，如建立自身品牌形象；二是从竞争对手的角度来考虑，企业为寻求自身的发展空间和产品的市场占有率，设计出别具新意的产品款式风格。

品牌代表着一个企业的形象。一个成功的品牌能够增加顾客对其产品的信任度和购买信心。产品款式风格设计是企业传达其品牌形象的一种方式。同样地，一个企业的品牌形象在一定程度上决定了其产品的款式风格。

面对一个市场的竞争对手，企业致力于突破主流，创造一个全新的款式风格和潮流。收集竞争产品的品牌形象，关注竞争对手的款式风格，有助于企业建立该企业产品的款式风格，设计出属于自己的款式风格。

2. 产品款式风格设计的方法

要使产品的款式风格能够吸引人，需要明白产品为何能够吸引人，以下介绍两种如何吸引人的方法：

（1）知识吸引力

在设计一个产品时，要注意保留一些原有产品中存在的关键性的视觉符号和视觉认知特征。譬如原有产品融入了文化、视觉、商业等多方面因素后呈现出来的款式风格固有的高雅、大气等特征，能够给消费者带来一种亲切感。

（2）象征吸引力

进行产品设计时，对于不同的人，款式风格设计融入不同的象征元素，加入一群人一个共识的象征形态，就能够提高产品的吸引力。

产品款式风格是产品直接吸引消费者的一个重要的因素，因此在设计过程中有重要的地位。通常消费者接触一个产品最直接的印象就是产品的外观，即产品给消费者传达的视觉感受。在此将产品款式风格单独阐述，足以表示产品款式风格设计在产品设计规划过程中的重要性，产品款式风格是产品设计过程中工业设计必须做的功课。

第三节　产品设计程序

人们在现实生活中要想认真做好一件事情，就要提前制订相应的计划。工业产品的设计亦是如此，要想设计出优秀的产品，首先要对发挥指导作用的设计理念和设计思想进行明确，还要对具有科学性、合理性和适用性的设计程序进行制定。有了这一设计程序，人们就可以通过设计来实现自己的想法和追求，从而改善生活环境与生产工具，实现更新的生活方式，直至达到人类自身的改善以及与自然关系协调的目的。

一般来说，设计程序就是指设计过程包含的工作步骤，也表示按照一定的目的对科学的设计方法和设计计划进行操作和实施。设计程序将设计过程中涉及的所有环节和阶段全部囊括其中。因为工业产品设计往往与许多内容相关，涉及较广的范围，设计上也存在不同的复杂程度，所以不同的人制作出的设计程序有很大的区别，服务于人是设计必须坚持的原则和目标，人们的生活观念、科学技术和社会文化以及市场经济等多种共同因素会影响到产品发展的整个过程，所以要将同一性的因素融入设计过程中。

人们必须按照严谨的次序实施设计程序，在该过程中偶尔会出现相互交错的作用，产生回溯现象，这也是人们经常所说的设计循环系统。循环是为了对每个环节的工作与设计要求、设计目的是否保持一致进行反复检验，需要注意的是，制定和建立设计程序并不会对设计者的创造力产生约束作用，而且设计程序会充分发挥出主动作用和意识，从战略层面做出合理安排推动实际设计问题的解决，将各方面的关系进行协调和调整，从而与设计目标保持一致。

设计活动一般是对本身产品利弊的调查和在同类产品认知的基础上对自身品牌的深化设计和完善，或者是纯粹受到客户的委托设计的项目。一般需要对各个设计环节进行比较、研究、分析，才能最终完成设计活动，这样就需要有科学的设计程序为指导，使得设计过程顺利、有秩序地进行。无论是自由职业设计师还是驻厂设计师，都要遵循一定的设计程序。

一、产品设计程序的发展

20 世纪 60 年代以后，伴随"大批量生产"观念的成熟，市场竞争导致企业对管理的重视。为了提高生产效率和市场占有率，客观上要求对产品开发工作进一步细分，设计、制造、销售和市场等多方面的人员相互合作。

20世纪80年代后期,设计产品日趋复杂,使得不同学科成员之间的密切合作更加重要,而分立的部门之间难以有效横向沟通的弊端暴露。按部就班的串行设计与开发过程使各部门之间信息传输少而控制却很多,效率下降。

到了20世纪90年代,并行工程的概念和重要性为企业所认识。并行工程强调过程的集成,集成的过程意味着打破部门之间的界限,充分考虑任务之间的相互关系,使开发活动并行、交互进行。此时,组织跨部门多学科的集成产品开发设计团队,是实现产品开发过程必不可少的保证。

2000年以后,协同设计理论出现。协同设计的思想是要求在数据共享的平台基础上,企业与企业之间、企业与相关项目的科研机构之间强强联合协同展开。设计的各阶段可以同时进行。每个阶段生成需要的数据,虽然在没有完成设计之前数据是不完整的,但是,通过数据模型和数据管理达到数据共享协同合作的目的。从企业产品开发到成为商品的过程中可以看到,产品设计对企业的管理能力提出了更高的要求,综合型产品开发设计团队也是为了顺应这种要求而出现的。

二、产品设计程序的模式

随着工业设计实践和理论研究的不断深入与发展,根据专家对过去设计实践经验的总结,逐步归纳出了几种比较典型的产品设计程序模式,即线性发展的模式、循环发展的模式和螺旋形发展的模式。以下逐一介绍。

(一)线性发展的模式

在线性发展的模式中包括:①准备阶段,首先是对资金、能源、技术、材料、设备等企业资源的筹集。此外,计划产品开发的时间,选择合适的设计人才也是准备阶段的重要内容;②开发阶段,包括最初设计概念的产生,如设计定位、分析、设计构思。在设计构思中对相关因素的考虑,如人机工程学、技术条件、经济价值、美学因素等;③评价与实施阶段,包括两方面的内容,首先对最初的设计概念以模型测试等手段进行检验和评估,其次对评估后的设计概念作生产的准备和生产的实施;④市场反馈阶段,当产品进入市场后,通过对企业所做的一系列售后服务工作及用户的反馈意见进行收集整理工作。

(二)循环发展的模式

循环发展的模式中各阶段内容包括:①从问题的发现到熟悉、分析阶段,包括问题调查、问题分析、设计定位;②从问题的熟悉到问题的分析、综合阶段,包括设计分析、设计概念产生、设计概念深化;③从问题的综合阶段到问题的评价、选择阶段,包括模型发展、设计评估；④从问题的评价、选择阶段到最后的解决、完成阶段，包括测试、试制、修改、生产。

（三）螺旋形发展的模式

螺旋形发展的模式中各阶段内容包括：①设计的形成阶段，包括调查问题、分析问题，设计目标制订，设计计划制订；②设计的发展阶段，包括产生新的设计概念，概念的评估与设计的深化，设计模型，完善设计（设计概念评估、修改，设计概念展示）；③设计实施阶段，包括绘制生产图样，信息汇总，生产系统修改，试制，批量生产，投放市场；④设计的反馈阶段。包括顾客反应，售后服务，问题的追踪。

三、产品设计的基本程序

现代产品设计作为一项重要的创造性活动，必须按照一定的方向、目标和计划及步骤来开展。每个设计过程和环节都会对相应的问题进行解决。设计的首要环节是收集和整理设计原始数据，设计过程是全面和认真分析处理各项参数，设计的最终落脚点是通过综合性和科学性的角度对所有参数进行明确，从而对涉及内容进行获取。产品设计主要由创造性工作、测试和评价工作、信息收集和理解工作、说明工作和交流工作等方面的内容构成，总体来说，产品设计是重要的程序之一。

设计程序制定的基础和前提是设计规律，其服务对象是实现阶段性目标。特别是随着信息技术和市场经济的迅猛发展和进步，产品设计面对的问题的难度和复杂性不断提升，所以，产品的市场竞争力和竞争优势与是否拥有完整和清晰的设计程序存在一定的关联。

上文中我们已经对线性模式和循环模式以及螺旋形发展模式三种不同的设计程序模式进行了说明，虽然这三者在内容上存在一定的区别，但也存在许多相同之处，主要体现在完成设计的整个过程和每个阶段中涉及的相关内容，完整的设计过程主要由设计准备阶段、设计初步阶段、设计深入与完善阶段、设计完成等四个阶段组成。

其中，设计准备阶段是第一阶段，主要对信息和需求进行挖掘和收集，从而确定是否需要开展研究新产品设计的相关工作。

设计初步阶段是第二阶段，主要对新产品的理想效果和一系列可行性的工作进行确定。

第三阶段是设计深入与完善阶段，该阶段的主要工作是为了让新产品的品质实现最佳化而开展的工作。完成第三阶段的工作后，产品便可以直接投入生产。

第四阶段是设计完成阶段，主要是将所有力量集中起来开展综合评估，也可以将新产品投入小范围的市场内对市场反应进行测试和试探。

(一) 设计准备阶段

不同的设计项目拥有不同的设计内容，可以是设计和改良现有的产品，也可以是重新创新设计新型产品；设计动机可以是受需求刺激，也可以是受技术刺激。一般来说，设计类型不同，在工业设计方面存在不同的需求，工业设计介入其中的时间要求也不同。但是无论是对哪种类型的项目进行设计，必须提前做好设计前期的一系列准备工作。设计师必须从市场、技术和社会等方面着手，通过调查研究，对收集到的资料和数据进行深入研究和系统分析，这是设计准备阶段的主要工作，具体来说，系统分析的内容主要包括环境因素、材料学、社会需求、生产程序、生产管理、社会因素、市场、人体工学、相关法律法规和标准，从而做出科学合理的设计决定和设计策划。

总而言之，设计准备阶段的主要工作任务是立足于宏观角度将产品的立意问题解决好，利用分析产品外因的方式对目标进行锁定和明确。设计师在这个过程中要与自己所收集到的信息和内容、不同专业角度开展交叉论证获得的结果相结合，从整体上围绕目标产品建立起概念性的认识和观点，这个大致的概念要包含产品的技术、产品的市场环境、产品的用户群体、产品的成本范围等内容。如此一来，便建立起一个基本的产品轮廓，为产品的设计构思提供重要依据和基础。

1. 提出设计任务

产品设计是一项有目的的活动，它的动机和出发点是解决人们生活工作中的各种问题和需求。一件产品设计的成功与否，也常常以它能否以良好的方式解决人们的问题和需求为依据，因而，能否发现并解决人们的问题和需求很重要。提出设计任务的过程，正是发现这些问题和需求并使之明朗化为设计方向的过程。

提出设计任务的方式有很多，主要有以下四种方式：一是国家为实现某一目标，在规划中提出的要求；二是企业依据自身发展的需要而提出设计任务；三是客户有特定的需要将之委托给设计公司或个人，从而产生设计任务；四是设计师通过自己对生活的细致观察和分析，依据自己的经验找出潜在问题并提出设计任务。

2. 设计规划的制订

在进行设计之前制订相应的原则和设计方针，并对设计程序进度实施规划，这对设计工作的顺利完成是至关重要的。设计规划的制订包括以下两项内容：

（1）成立设计规划小组

由设计师、工程师、企业家与销售专家组成。

（2）设计策划

设计策划以下列情况为依据而确立：预测市场的新需求，研制新产品；利用现有技术，研制新种类的产品；研制与现有设计相关的产品，扩大新需求；制订合理化的生产计划；改进外观设计等。并以此对设计策划书进行论证与审定。

3. 设计调查

从某种角度来说，设计来自经验，对于一名设计人员，最重要的一项活动便是如何将经验转化为产品，以适应某一特定市场。在设计之前须研究用户的要求，他们在当地的生活方式，以确保产品符合当地消费者的"口味"。设计者有自由创造的权利，但重要的是选择与价值判断的权利在用户。往往设计者并不比用户更了解他们的生活、他们的需求与价值观。因此，要去观察调查，与用户面对面地沟通，到具体的情景、事物过程中去体验无比重要，仅依靠网络或电话调查是远远不够的。

调查是最基本、最直接的信息来源，只有以市场信息为依据加上准确的判断力，才能使新设计处于领先地位。

调查内容包括社会调查、市场调查和产品调查三大部分，依据调查结果进行综合分析研究，得出相关结论。

这个阶段要完成以下目标：

第一，探索产品化的可能性。

第二，通过对调研结果的分析发现潜在需求。

第三，形成具体的产品面貌。

第四，发现开发中的实际问题。

第五，把握相关产品的市场倾向。

第六，寻求与同类产品的差别点，以树立本企业特有的产品形象。

第七，寻求商品化的方向和途径。

（1）社会调查

社会调查要围绕人与产品之间的关系开展，主要调查社会因素和社会需求，具体内容包括消费者的购买习惯和偏好、消费市场发展情况、消费者的购买目的和购买行为、消费者的购买形式。

如果说社会调查以消费者的购买目的和购买行为、消费者的购买形式、消费者的购买习惯和偏好、消费市场的发展情况为主要内容，那么要调查清楚消费者的时尚观念、兴趣爱好、收入水平、性别、风俗、教育程度、年龄、民族等基本信息，还要调查清楚消费者在产品外观装饰、包装和造型以及色彩方面的偏好以及建议，消费者在折旧、使用和保存以及维修方面存在的相关问题。

（2）市场调查

市场调查主要是分析物与环境之间的关系，主要是调查设计部的行销区域与环境因素，其中，社会文化环境、市场环境、经济环境、地域环境和政治环境是环境因素的主要内容。

社会文化环境主要有消费者的风俗习惯、总体文化水平、审美观念和分布情况等内容。市场环境主要包括产品的分配路线、经营效果、价格、竞争情况和销售渠道等内容。经济环境是国家层面和整体上的大经济环境概念，主要包括市场的物价和消费结构、能源与资源的消耗情况、国民生产总值与国民收入、基础建设的投资规模。地域环境是指对设计产生一定影响的外部因素，主要包括交通状况、自然条件和地理位置。政治环境是指政府发布的一系列法律法规、规章制度和政策等内容。

（3）产品调查

产品调查是围绕产品本身，深入调查和分析产品的过去和现状。

对产品的过去进行调查主要利用消费心理学、管理学和人机工程学等学科的理论和方法，产品的结构、包装系统、使用功能、生产程序和外观是产品现状的主要内容。调查分析产品的过去主要是系统调查产品的历史发展情况，主要有产品进行更新换代的缘由、产品存在形式的变化、产品的变迁。对与产品相关的法规进行调查，其调查内容包括产品的专利权、商标注册管理和相关的政策法规，等等。

4.资料整理

设计师在调查阶段要将更多与设计项目相关的资料收集好，暂时不要整理和评价这些资料，但是最好通过列表的方式将这些资料进行分类，把属于不同类型的资料整理好。

5.资料分析

制订生产计划和销售计划及设计方案的重要基础和依据是资料分析。调查是分析的前提和基础，只有使用合适的调查方法，才能对调查对象开展准确的调查，继而有利于对正确的预测进行获取。

在设计调研的基础上，设计师及其他设计相关人员要以敏锐的洞察力进行综合判断，发现对目标产品期待最大的消费人群，从而确定产品所针对的使用对象。同时考虑产品的销售潜力、市场占有率及与相近产品相比所具有的竞争力，从而进一步确定目标产品适合的使用地点、环境及价位。

对与产品相关的各方面因素进行调查之后得到的信息资料必须与调查内容和调查目的相符合，需要注意的是，这些资料中往往存在许多有待挖掘的价值，而这些价值会对准备阶段的结果产生重要影响。

认真研究和分析调查所得到的信息资料之后会形成一定的结论，还要利用各种图表的形式对这些信息数据进行比较和分析，从而保证结论的客观性和合理性。在该阶段，设计者或调查者不能急于求成追求一个结果，一般结果更加多样化对今后设计工作和设计构思的开展更加有利。

6. 设计预测

设计分析之后产生的综合判断称为设计预测。对需求动向进行预测时，设计师充分发挥出自身敏捷的判断能力和敏锐的洞察能力的作用，对消费者潜在的需求进行挖掘，特别是要深入挖掘和了解设计产品的销售潜力、市场占有率和市场潜力等。

（二）设计发展阶段

设计概念的形成和产生是设计发展阶段的重要工作任务，新诞生的设计概念会对设计结果产生重要影响，所以在设计过程的所有阶段中，设计发展阶段的地位和作用非常重要。在该阶段，设计师要对准备阶段获取到的大量信息资料进行综合分析，从而确定自己的设计方向和设计思路。同时，该阶段设计师要在设计方向的基础上将各种创造性和新颖的设想或方案提出来。一般来说，设计师还要利用对模型、草图和效果图进行构思的方式不断完善设计方案。

1. 分析问题、把握问题

解决问题是设计的最终目的，对构成问题的主要因素进行充分认识和理解是解决问题的首要环节，也是解决问题的关键所在。一般来说，问题很少来源于一个因素，往往是由多种因素造成的，使得解题者很难将主次梳理清楚。所以，首先要将问题中的主次因素梳理清楚，再对问题进行分析，将解决问题的关键找出来。就设计师而言，构思设计结构的前提是把握好问题，把握问题的方法主要有：①全面系统地分析设计对象；②设计师自身的主观创造能力；③实地调研开展情况；④调研和咨询用户的情况；⑤搜索查询文献。问题把握会产生怎样的结果与设计师自身的设计修养和设计思想、设计经验密切相关。

2. 确定目标、展开设计

在分析、整理和归纳组成问题的各种成分、因素的基础上，设计师更容易梳理清楚设计的目标点，为下一步设计工作的开展奠定坚实的基础。设计师确定设计目标时，要考虑好人与产品、产品与环境、人与环境三方面的关系，最好能通过表格的形式将这三者之间产生的相互影响、相互关联和相互作用列举出来，这样才能将各个要素之间的关键点挖掘出来。这些关键点有利于妥善解决设计的目标阶段和设计的分析阶段存在的问题。

在产品的展开设计中，面对构成产品的方方面面多层次、多方位、错综复杂的因素，必须通过科学的方法，将众多的相关因素进行组织、协调，寻找一个最佳的解决问题的切入点。设计起源于需要，并以满足这种需要为目的，创造出产品；产品产生出某种效果，这种效果作用于环境，环境反过来作用于人。

设计既不能仅考虑技术上的问题，也不能单单考虑个别局部的问题。设计应该是将综合因素加以通盘考虑，然后找出最适宜的、最协调的完整解决方案。当掌握了设计的一般程序之后，设计师的思考方法和思维习惯就成了决定设计优劣的关键。要寻求一个最佳、最合理解决问题的方法，设计师就必须充分发挥自身的想象能力，广开设计思路，尽可能更多地、更好地提出不同的创新的设计方案。

在设计构思中，也可运用如"头脑风暴法"等设计技法，充分利用一切可以利用的内外因素，从多种角度、多种思路去探索各种设计的可能性，将设计构思不断引向深入。

设计草图是设计师体现最初设计概念的视觉形式。由于在构思草图期间，设计师的重点在于根据设计的目的与要求，从大处着眼，提出各种解决问题的思路与设想，因此，这种草图形式有许多是不完善和不成熟的，需要进一步发展与完善。另外，设计的最终方案只能是一个，这就需要设计师通过对各种设计概念的反复评估与修改，去探求最为理想的设计结果。在这一阶段，设计师一般要通过效果图、模型等形式将设计概念进一步具体化。可以说，效果图、模型等形式既是设计师设计概念具体体现的必经途径，也是对设计概念进行评估和修改时的重要依据。

草案设计阶段，是一个设计思维不断发散、灵感得到表达的阶段。设计师利用铅笔、钢笔或签字笔等工具迅速绘制草图，草图不需要画得很细致，一般仅勾勒出产品的大概形状及设计的亮点，以捕捉瞬间的灵感、传递设计理念。初期的草图数量往往很多，它们从整体或局部对产品进行发散构思。

对每一个草案，需要考虑实现其所需运用的物质技术条件，如结构、材料、加工工艺等。物质技术条件是产品实现功能和结构的保障，一个设计亮点众多的产品，如果现有的技术无法将它实现，那么它也只能是概念设计产品，无法进行批量生产创造价值。这就需要设计师对结构、设计材料及工艺等技术方面的知识有一定的了解，并在设计中合理应用。

为了预见设计方案的造型效果，一般需要绘制产品效果图。常用的效果图绘制方法有马克笔画法、钢笔淡彩法、色粉条画法、彩铅画法、计算机辅助工业设计等。一般情况下，利用三维建模、渲染及平面设计软件，能得到更为真实的产品效果图。在随后制作设计报告及广告宣传中，都需要用到产品的效果图，效果图中通常包括产品的立体形态图、使用状态图和局部细节图等。

由于草案数量众多，无法对每个草案都进行深入的设计，因而需要对众多草案进行初步评估，考察其功能性、可实现性、合理性及其与设计理念的一致性，筛选出较为理想的设计方案。

（三）评估与实施阶段

评估和实施阶段是产品正式投入生产和批量生产之前的重要环节，主要工作任务是验证、修改和评估设计概念。设计师形成了新的设计概念之后，便会制订设计方案，但是必须通过评估和验证才能确定设计方案的可行性。比如，在制作和生产一些产品之前将产品的模型制定出来，利用工作模型对设计进行研究和检验，判断设计方案是否与设计目标所要求的各项设计指标相符合。例如，选择使用的材料能否通过产品的形式和结构将产品的各种机能充分发挥出来，产品的安全性能和技术指标是否和设计要求保持一致，产品的外在形式和内部机构能否形成一个有机的整体。设计师不仅可以通过模型来评估和验证设计方案，还可以与计算机相结合推动成本计算和模拟实验的开展。在评估和验证设计方案时，设计师还要加强与相关专家、生产厂家和消费者之间的交流与沟通，向他们咨询和征询设计意见，不断完善设计方案。

设计方案的验证和评估环节完成之后，设计师要对其中存在的问题进行合理修改和调整。基本结束了这些活动之后，便会形成比较完善的设计概念，就可以着手开展生产前的准备工作。该阶段的工作将设计重心向生产重心进行转移，比如，通过工程图将产品详细的装配要求和尺寸要求告知生产部门，详细说明使用材料，及时、合理修改和调整新产品生产所需要的生产系统，完成了这些工作后，便可以对小批量的产品进行试制，试制成功后就把产品正式投入批量生产，在市场上进行销售。

（四）验证与反馈阶段

设计师的设计工作并不会因为产品投入市场就结束，因为企业领导人和设计师的决策、能力和个人专业化水平、科学技术、市场信息、社会文化等方面的因素会影响到产品设计，产品正式在市场中流通之后，还会出现一些与社会发展和消费者需求不相符合的问题。所以，要想提升产品在市场上的竞争优势和竞争能力，不断延长产品的市场生命周期，新产品在市场流通之后仍然要进行提升和改善。可以说，市场作为一面重要的镜子，对产品进行验证，设计师要利用多样化的渠道了解消费者对产品的反馈情况和相关意见、产品在市场上的销售情况，为后续的设计工作奠定坚实的基础。

虽然产品设计是在充分分析了目标产品的大量信息后展开的，设计过程中也进行了多次的评估与验证，但最终批量生产出的产品仍有可能出现超出预计的问题，如模具有瑕疵、生产计划不够合理等，都有可能使最终结果偏离设计的预期目标。因而，很有必要在大批量生产前进行小批量生产与投放，以验证该产品的实用性能，同时测试市场的接受程度并收集用户的反馈信息，为进行大批量生产做准备。

经过小批量生产验证后，企业已经对产品的前景有了初步把握。在开始大批量生产销售前，需要对该产品进行外观包装设计和广告宣传。由于设计师对产品的了解最为充分，因此这一过程通常需要设计师参与，以便能充分展现出该产品的亮点与价值。当产品进入市场后，设计师的工作并没有到此为止，相反，设计师还需要协同销售人员制订销售计划、做市场调查，并将用户反馈的信息进行整理分析，发现潜在的问题或价值，为以后的改良设计、新产品开发做准备。

设计师在造型设计中必须具备三种能力：造型能力、构想能力和整合能力。造型能力是设计赖以确立的基本能力，假如设计不能牢牢地确立于"形的世界"，那么就难以确保其"美的形态语言传播者"的地位。在设计中给产品以可见的形态，其重要性是不言而喻的。要概括一个产品的构想，往往会涉及各种专业领域，并非仅由创意决定胜负。要把设计成员各自拥有的不同性质的潜在智慧归结为统一的构想，将概念通过实际形态来表现，让设计被人所理解，就需要设计师发挥统筹作用。设计现场不断提出各种问题，同时也激发设计成员的智慧和创意，并将此融入形态设计之中。

设计工作直接成果就是设计图，它与实施加工制造阶段紧密相关。只拿出一张设计图，以后的事全交给工程技术部门，这样的设计可能使开发项目夭折，或会制造出似是而非的东西。这就需要有整合力，每次设计师都要讨论形态、色彩、材料、加工工艺等方面的变化与替代方案。细部设计的变更还要不断与各类电子、机械、化工、纤维、塑料等专业制造商打交道，使实施过程不致偏离当初构想的框架，这样才可能完成产品的设计。在设计与制造过程中，根据需要，可能会出现要求改变原设计或材料，修改布局，开发新结构等情况，因此一个形态的实体化过程，不是仅靠设计的力量就能够完成的，还须享有技术、销售、经营等各相关部门的配合。不过这其中能成为"灵魂"的仍然是形态，是设计的作用。设计的整合力，在很大程度上左右着最终产品质量的好坏。这也表明创造过程必然是反复摸索和试验的过程。

四、产品设计程序的实施要点

概念化的问题探求、系统化的概念创建、视觉化的系统创新和商品化的视觉设计共同构成产品设计程序的四个实施要点，这也是产品设计的完整过程，从最开始的将问题提出来，再对问题进行分析和解决，直到把产品推向市场进行流通，这是产品设计的完整程序和路线，也是无数设计师凭借自己的设计实践和工作经验总结出的设计方法和概念化的流程。所以，只有将产品设计程序的实施要点准确把握好，才能对产品设计的脉络进行把握。

（一）问题探求概念化

1. 为生活而设计

问题来源于生活，问题也是自然的重要组成内容之一，企业要在用户和系统之间建立起具有一定建设性的沟通和交流，才能让用户从问题中脱离出来，比如，能够预测到所做的一定会得到预期或理想的效果，杜绝不可逆的行为，进一步简单化恢复操作。

2. 内心感觉层次

人的本能拥有快捷的反应速度，能够在瞬间判断出安全或危险、好或坏，并将合适的信号发送给以肌肉为主的运动系统，向大脑的其他部分发送警告信息。本能是加工情感的首要环节，取决于生物因素，对本能的上一级信号进行控制，可以增强和降低本能水平。

3. 品牌

品牌主要指品牌的价值，综合体现出消费者对品牌的评价和反馈，主要体现在对品牌的功能元素、态度和情感元素三方面。一定程度上而言，品牌的价值实质上是一种价值观和生活态度，充分展现出厂商的价值观，是在品牌传播和品牌营销的基础上消费者对品牌产生的情感、联想和态度。所以说，消费者对品牌形象和品牌产生的认知、联想和情感就是品牌的价值。

4. 内容

这里的内容具有丰富性和多样化的特点，既包含了初期阶段产品创新、产品形态和产品功能等内容，也包括了与产品相关的服务、价格和质量的内容。用户对产品产生的第一印象和第一感觉都会受到内容的影响，而且这种影响往往都是瞬间或短时间之内产生的，在初期便要协调好产品各种内容之间的关系，实现最佳的内容配置。

5. 行为体验层次

一般来说，行为水平是指大部分人的行为，基于行为水平发生的一系列活动会受到反思水平的作用而改变，或削弱或增强；反过来，行为水平也会对本能水平起到削弱或增强的作用。提高效用是设计行为水平的根本目的，所以说，与外形或形态相比，功能是产品最重要的因素。

（二）概念创建系统化

要想不断创新产品的功能，必须以产品的功能为切入点，更加系统和全面地对产品进行分析和研究。在功能系统分析的基础上，充分认识和深入理解分析对象，进一步将对象功能所包含的相互关系和性质梳理清楚，才能够对功能结构进行合理调整，让功能结构达到平衡和合理的状态，最终创新功能系统。

1. 产品功能是概念创建系统化的核心

每一种在市场上流通和销售的产品都拥有不同的特殊功能，而且一定与消费者的一些需求相符合。功能创新是产品创新的前提和基础，一方面要充分挖掘出产品的潜在功能；另一方面要让新技术和新手段的作用充分发挥出来，实现产品功能的拓展和丰富，从而达到创新和完善产品功能的目的。

2. 功能组合是概念创建系统化的方法之一

可以在一种新产品中融入其他产品的不同功能，或者以一种产品为主导，把其他产品的特殊功能都向这个新产品进行移植。充分发挥系统设计的定量优化方法的作用，不断优化产品的功能和组合。

（三）系统创新视觉化

产品的最后成立还是要由一个具体的形态来体现：

第一，对产品的本质功能进行准确把握，将产品的内部结构和外部结构进行合理规划和设计，以这两个条件为基础和前提，再增强产品形态表现方式的说服力。

第二，产品形态设计必须与基本的美学法则保持一致，将变化和统一融为一体，在整体协调的产品形态设计中彰显变化和特色。

1. 产品形态

信息传达的首要要素在于形态。人们一般认为从产品的组织、内涵、性质、结构等内在本质属性向外在表象因素进行延伸就是形态，这也是人们以视觉感知为基础形成的生理变化和心理变化。产品的空间、色彩、感觉、结构、功能、构成、材料等对产品的形态产生一定的影响。

设计师创造和设计产品的形态不仅是组合搭配各种材料和物质，还要重新塑造产品语言和产品性格，所以要把产品当成一个生命体呈现给消费者，这是创新产品形态最直接的方式。而且创造产品形态时，设计师不能让产品形态对产品结构进行被动适应，还要与许多设计创新的典型实践案例相结合，不断拓展和延伸产品形态，将自己的思路打开，甚至推动产品性能迈上一个新的台阶。

2. 产品的形态类别

工业产品的形态作为一种重要的人文形态，往往带有一定的目的性，它不只是一个简单的几何形状，更多的是与自然界的一些形态密切相关。

3. 色彩

产品设计中还有一个非常关键的因素——色彩，色彩的选择与多方面因素相关，主要是受到前期要素和限定性因素的影响，其中，限定性因素包括产品功能和产品材质及使用环境等，前期要素主要包括产品定位和地域文化及目标人群等。而且不同的色彩体现出的情绪和心理有很大的差异。需要注意的是，产品往往要使用比较单纯的色彩设计，不能使用过多的色彩类型，一般以灰色系作为主打颜色。

（四）视觉设计商品化

1. 公平性

所有用户使用该产品的方式应该是相同的，尽可能完全相同，其次求对等。

（1）避免隔离或指责任何使用者。

（2）提供所有使用者同样的隐私权，保障安全。

（3）使所有使用者对产品的设计感兴趣，有使用愉快的感觉。

（4）设计要迎合广泛的个人喜好和能力。

（5）提供多种使用方法以供选择。

（6）支持惯用右手或左手的处理或使用。

（7）保证使用的精确性和明确性。

（8）能够适应使用者的进步并与之并驾齐驱。

（9）提供对不同产品的技术和装置支持，从而满足感官上有缺陷的人士的需求。

2. 可用性

"可用性"这个词表示一个产品的质量或属性，即符合使用人们的需要，允许他们工作或娱乐，通过它可以实现他们自身的用途，而且很适合使用。

从宏观的角度来看，设计程序基本遵循着：问题探求概念化→概念创建系统化→系统创新视觉化→视觉设计商品化的内在逻辑展开。

在这个逻辑顺序展开的过程中，信息的收集范围逐渐由宏观流向微观直至锁定在每个细节问题的解决上。设计师的思维也在逐渐由模糊的概念转为清晰的形态，最终物化为现实之物。一个好的设计程序就是一个动态的方法论系统，其本身的生成也是一种设计。

第四章 产品设计的方式与方法

一、设计方法与设计方法论

（一）设计方法论

人们在工作过程中，为了解决某一难题，或是达到某一项工作指标会采用不同的方法，而这一系列解决方式和采取的手段则被定义为"方法"。一般来说，方法意味着人类的行动行为，但客观来讲，则是为了解决某种问题或完成某项工作所采取的办法或程序，而方法论则是在此基础上总结所有有关方法的理论。方法论的内容包括知识体系的建立、扩展和补充。方法论又称方法学，无论是方法学还是方法论，都具有科学性和哲学性，本质上可以说是科学方法论和哲学方法论。

现代设计方法学最早出现在 20 世纪 60 年代左右，这一综合性学科的历史十分悠久。随着历史朝代的更迭变化，现代设计方法学逐渐建立了较为完整和科学的研究体系和理论体系。现代设计方法学的内容包含设计领域的世界观与方法论，核心内容则是以设计思维和设计现实之间的关系为主，至于如何快速、高效、科学地处理二者之间的关系，还需更进一步的研究。

手工业时代，设计方法具有经验、感性、静态的特征，而大工业时代的设计方法则是科学的、理性的、动态的和计算机化的。在传统工业社会向信息时代过渡时期，其方法论主张运用系统的思想和方法将原理、概念、思维模式、材料、工艺、结构、形态、色彩以至于经营机制、经营模式都放在一个关键的核心——特定人群的特定环境、条件的需求之中去重构。

设计方法经过了四个阶段的发展，分别为直觉设计阶段、经验设计阶段、中间实验辅助设计阶段和现代设计。

科学方法论从经验到哲学有不同的层面，大致可以分为：

1. 作为技术手段，操作过程的经验层面。

2. 作为各门类学科具体研究对象的具体方法层面。

3. 作为科学研究的一般方法层面，适用于各学科。

4. 作为一般科学方法的哲学层面，普遍适用于自然科学、人文和社会科学、思维科学等。

设计需要具备较强的实践性和可操作性。在封建时代，人们通过实践和生产来总结经验，从而提高工作效率，再从实践中得出理论知识或工艺技巧，并应用到生产过程中，进而得出实践性更强的生产技术。从人类的造物实践过程来看，设计科学的形成是人们通过积累丰富的设计经验所总结出的理论知识。

其中，设计方法及程序是设计学科中最具操作性的理论，是由实践经验总结出的理论，这些方法和理论具有普遍性，但它们又是发展变化的。

（二）设计方法的经典流派

1. 计算机辅助设计方法流派

计算机辅助设计方法流派主要以科学性和逻辑性为核心原则，这个流派一直以来都积极运用当今现代最新的科技手段和信息技术，利用计算机系统的算法技术和分解手段将所有基本要素进行分类、归纳、研究和评价，从而得到适配度最高的解决方案，整个处理流程十分高效和便捷，受到众多行业的青睐。但是，在分析过程中需要运用各种各样的工程系统和设备，这便对设计师的技术水平和设计能力提出了新要求，需要他们更全面地掌握建筑方面的技术，而且，无论是建筑细节问题还是建筑全局观念，都应当用客观事实来表达，再根据各个基本要素的特点，制定可发展的范围，从而以供整个实验过程进行选取和归纳。计算机辅助设计方法所涉及的因素和种类十分广泛，因此，基本要素的特点也十分丰富，这便产生了许多各具特色的设计方法，如罗伯特·克劳福德教授所提出的"属性列举法"，这种方法主要以系统论为基础，再配合属性分解法，共同对设计物进行全方位的研讨和评价。罗伯特·克劳福德教授主张"将问题区分得越细化越容易得出设想和结论"，并且认为"各种产品部件均有属性"，在此基础上，再将所有设计物根据自身特性进行分类，其中，所分类别包括名词属性（全体、部分、材料、制作方法）、形容词属性（体积、形状、性质和颜色）、动词属性（使用方式和功能）。最后，在充分掌握设计物所具有的属性后，根据这三个属性进行分类和汇总，结合特征进行——配对，并逐层分析各个分解因素的状态及可发展内容，全方位开展综合调整，并罗列出多个可选方案，择优汰劣，从而梳理出最优方案。

2.创造性方法流派

创造性方法流派以发挥设计者的创造性和主观能动性为主，而计算机辅助设计方法强调的是设计者个人或团体的知识理论和积累的经验，两者所侧重的内容大相径庭。有专家将100种创造技法分为扩散发现技法、集中综合技法和创造意识培养技法三大种类，并对目的、对象及试用阶段等多项内容进行专项分析，最后得出现代设计的方法和理论会受到诸多因素的影响，所以能够运用在现代设计之中的方法也是多种多样的，通过总结这些方法的基本特征可以发现，能够支撑它们成为基本原理的主要内容涉及以下方面：

（1）综合原理

将多种设计因素融为一体，以组合的形式或重新构筑的新的综合体来表达创造性设计的意义。

（2）移植原理

在现有材料和技术的基础上，移植相类似或非类似的因素，如形体、结构、功能、材质等，使设计获得创造性的崭新面貌。

（3）杂交原理

提取各设计方案或现有状态的优势因素，依据设计目标进行组合配置和重新构筑，以取得超越现状的优秀设计效果。

（4）改变原理

改变设计物的客观因素，如形状、材质、色彩、生产程序等，可以发现潜在的新的创造成果；改变设计者的主观视点，能够使设计构思得到更具创造性的体现。

（5）扩大原理

对设计物或设计构思加以扩充，如增加其功能因素、附加价值、外观费用等，基于原有状态的扩充内容，在构想过程中，可引发新的创造性设想。

（6）缩小原理

与"扩大"相反，对设计的原有状态取缩小、省略、减少、浓缩等手法，以取得新的设想。

（7）转换原理

转换设计物的不利因素和设计构思途径，以其他方式超越现状和习惯性认识来达到新的设计目标。

（8）代替原理

尝试使用别的解决方法或构思途径，代入该项设计的工作过程之中，以借助和模仿的形式解决问题。

（9）倒转原理

倒转、颠转传统的解决问题的途径或设计形式，来完成新的方案，如表里、上下、阴阳、正反的位置互换等。

（10）重组原理

重新排列组合设计物的形体、结构、顺序和因果关系等内容，以取得意想不到的设计效果。

以上的基本原理内容体现了现代设计方法科学性、综合性、可控性、思辨性的特征，作为解决设计诸多问题的有效工具和手段，它的运用和发展奠定了设计方法论的研究基础。

3. 主流设计流派

主流设计流派侧重设计中主客观的结合，除了要以直觉和经验为基础之外，还须结合数学程序和逻辑思维，有利于提高工作效率，快速解决问题，这也意味着将设计问题与知识理论进行有机结合，可以增加所得方案的可行性。

主流设计流派的代表人物是克里斯托弗·琼斯，他在有关主流设计方面出版了很多书籍，其中《系统设计方法》和《设计方法——人类未来的种子》最具代表性。他主张人们的设计思维应当更加自由和开阔，要充分发挥自己的创造性和主观能动性，摒弃依靠记忆和记录的习惯，逃离现实世界的约束，从而创造出使设计需求与问题求解相结合的方案。最终，在以上所提及的前提条件下，再从分析、综合、评价这三个过程进行设计。

（1）分析阶段

在分析阶段，需要用图形或图表的形式表达出所有的设计要素，并结合相关问题进行理性思考，从而整理出完整的材料。其中包括以下重点内容：无规则因素一览表、情报的接受、因素分类、情报间相互关系、性能方法和方针确认。

（2）综合阶段

在综合阶段中，设计者需要追求各种项目的可能性，并以成本最低、效率最高的设计方案来达到设计目的。整个综合阶段包括独立性思考、限界条件、组合求解、求解方案和部分性求解方案等内容。

（3）评价阶段

在评价阶段中，设计者需要根据检验结果来验证所对应的设计结论。评价阶段包括评价方法、操作评价、制作评价和销售评价。

评价阶段所运用的设计方法可以分为以下两种：一是黑盒子方法（又称黑箱方法）、玻璃盒方法（又称白箱方法）和策略控制法；二是变换视点法，主要包括发散法、变换法和收敛法等。

（三）设计方法论的分类

工业设计是一门综合学科，设计范围广泛，且向优化与多元化的方向发展，因此，设计方法也呈现多样形式，既包含了艺术学科方法的特点，又包含了科学技术学科方法的特点，综合性取用是其必要手段。

1. 突变方法论

突变方法论是设计创新的原点。设计的本质就是独创性，设计师在普遍范围的理解之上能展示其独特性，使设计方案突破原来得预期，建立新的思想，传达新理念。突变方法是在量的基础上质的突变，是真正的具有划时代意义的创新方法。

2. 信息方法论

信息方法论是用数理统计的方法来研究信息的度量、传递及变换规律的科学。传统的信息方法论研究局限在通信和控制系统，为了提高信息传递的有效性，如今在设计学科下的信息论则是广义范围的方法论，它已超越了原先的狭义范围，延伸到心理学、管理学、人类学、语义学等与信息有关的一切领域。特别是设计的语义学研究为设计信息的传递提供了重要的理论依据，提升了设计的深度。

3. 系统方法论

系统方法论就是按照客观事物本身的系统性，把对象放在系统的形式中加以考察的一种方法。即从系统的观点出发，从整体与要素之间、整体与外部环境的相互联系、相互制约、相互作用的关系中综合地、精确地考察对象，揭示系统性质和运动规律，从而达到最好地处理问题的一种方法。因此，以系统的方法来设计产品，关键是对其设计过程的整体把握，控制设计主体各部分之间语言的联系性及产品对外辨识度所传达的内容与主体必须保持一致。"整体"是系统设计法的关键，这种方法的最大优势就在于对问题的把控能有条理、有顺序。系统设计方法应用在产品设计的方方面面，从方向的选择开始一直到产品的上市，以及系列化产品的推出等环节，因此系统方法论是设计研究一直以来的重点。

4. 离散方法论

同系统方法论相反的是离散方法论，它将复杂的、广义的系统分散为分系统、子系统、单元，以求得总体的近似于最优细节，这是综合性的分析研究方法。常用于设计的概括能力和归纳能力的锻炼，培养设计专业学生理性严谨的分析能力。

5. 智能方法论

智能方法论被定义为利用人工智能中仿人智能控制的设计原理，使产品具有人性化、智能化的特点。应用在产品设计领域中的智能设计方法可以分为两大类：设计过程中的智能化手段的应用，例如，计算机求解问题、计算机控制、计算机辅助设计、工程辅助制造等；再有就是智能化的产品设计方向的引入，例如，模拟人的智能现代化设计、仿生智能化设计等。

6. 控制方法论

控制方法论是研究动态的信息变化规律的科学，目的是使各类系统在动态发展的情况下，能够可以有意识和有目的地控制并能反馈，达到信息流通的过程。现代认识论将任何系统、过程、运动都看成一个复杂的控制系统，因而控制方法论是具有普遍意义的方法论。控制方法论的研究能使系统达到最佳的运转状态，提高系统的效率。

7. 对应方法论

对应方法论能为人类提供一种换角度解决问题的思维模式。虽然世界上没有完全相同的两个事物，但各类事物之间存在某些共性或相似的恰当比拟，而这种相互对应的关系，能够帮助设计师找到另外一条设计的思路。通常这种关系的利用，能够达到使人耳目一新的效果。最典型的设计方法就是类比法，汽车设计、家具设计、电器设计都采用这种方法。

8. 优化方法论

优化方法论是最常见的设计方法，即用数学方法研究各种系统的优化途径和方案，提高系统或者组织的运作效率。优化方法论一方面能够提高人力、物力、财力的运转速度，加快成果的输出；另一方面能够提供方案筛选的评价标准和参考依据。

9. 寿命方法论

寿命方法论是在设计中按照产品的预期使用寿命为标准，在确保产品使用价值的同时，配合相应寿命价值的材料，通过控制产品的使用周期，确保产品在市场中占有位置，拉动持续消费。

10. 模糊方法论

模糊方法论是将模糊问题进行量化解题的方法学，常用的方法有模糊分析法、模糊评价法、模糊控制法、模糊设计法。模糊方法适用于模糊性参数的确定、方案的整体质量评价等方面，特别是对产品的定性分析，模糊评价法是最为常用的方法。

11. 艺术论方法论

艺术论就是在产品设计中，服务于消费者审美需求，为产品提供和谐的设计美。但是，因为时代背景、文化背景、经济基础的差异，使得艺术的审美也存在着差异，利用美的规律进行产品设计是其捷径。

（四）设计方法的制定标准

1. 经验直觉论

确定设计方案好坏美丑，一般都是人们的经验直觉作用的结果。在产品外观形态设计过程中，设计师的以往经验、技术、感觉等积累，能达到快速提出设计方案和经验的效果，并凭借个人的直觉完成设计好坏的判断，这种评价完全依赖于个人喜好，没有固定的标准。这种经验直觉法适用于设计概念的提出阶段也就是设计的早期，天马行空的各种创意可以为后期设计提供更多的选择余地，也为创意的产生打下很好的基础。

2. 科学分析法

系统分析就是理性的科学分析，是有标准的判断方法，适用于设计的整个过程，它能平衡直觉方法的不可靠性，通过制定标准进行定量分析并依靠标准得出好坏的判断。对设计协调性等审美标准也可以参照定量的技术标准分析，希腊的毕达哥拉斯（Pythagoras）学派认为"万物皆数"，并且认为比例关系决定了事物的构造以及事物之间的和谐，提出了著名的黄金分割，也称为"黄金比"。自从黄金分割的"美"被大家发现并被公认，很多的设计师利用这种数学的美学标准设计了很多杰出的作品。除了黄金分割，还有很多的科学标准被发现、研究、制定出来。亨利·德雷夫斯（Henry Dreyfuss）认为设计必须符合人体的基本要求，不同的尺度产生不同的视觉效果，能带给人不同的心理感觉。比例、模数在产品设计中的应用都是出于这种标准。好的设计是人的感性思维和理性思维结合而产生出来的结果，也就是直觉思想与科学判断的结合。

（五）设计方法系统模式

设计方法系统模式以系统结构和功能为主要理论基础。产品的系统设计是从整体上来把握各种要素间的关系，并通过结构设计使它们之间建立联系，从而使产品系统发挥最大的效用。

为了适应不同的目的，产品设计往往采取不同的系统模式，以下着重对三种模式进行介绍：

1. O—R—O 模式

所谓 O—R—O 系统，即客体（要素）、联系（结构）、产出（功能）系统模式。该系统往往适用于决定投入产出的高层管理，对于产品设计过程，也同样适应。具体内容是：一个系统起始于不同的客体。例如，自然资源、人力资源、材料、工艺等。在各客体之间建立起一定的结构联系，并通过这种联系产生出既定的结果。

O—R—O模式在系统设计中往往是逆向使用，即产出—联系—要素。目标往往是首先被确定的，如设计项目立项—确定构成方式—确定要素内容。

2. 串行模式

在设计过程中，每个环节被称为系统的基本要素，在这些基本要素之间会建立关系，并按照特定的顺序进行排列，从而构建出庞大的系统，这被称为串行系统。串行系统的工作模式以行动内容、行动关系和行动顺序为主，并通过流程图表达出各个系统要素之间的关系。串行系统最突出的特点是各要素之间具有较强的关联性和制约性。然而，这也是该系统的缺点所在。顾名思义，串行系统并不是由某个独立的环节完成，而是如同串联电路一样，如果在线路中某一个元件出现了问题，则会导致整个线路瘫痪。所以，串行模式的工作实质是通过掌握设计工作进程，多条单线齐头并进，从而加大对整个系统的把握力度。

3. 并行模式

串行模式以要素间的顺序和关系为基本特征，并行模式与其有较大的差异，它主要以要素间的网络结构关系为基本特征。并行模式是通过对产品的数据收集和过程设计而生成的一种形式，这种设计模式对设计者的能力提出了新标准。并行模式需要在设计初期或产品开发时期，就要考虑到在整个生产过程中会涉及的所有因素，包括概念的形成、需求定位、可行性和工作进度等。在这个过程中，产品的设计和开发会涉及市场定位、需求数据分析、实施设计方案和生产制造等环节，最后再将产品进行全方位的营销和商业化。在整个过程中需要由不同的专业人员组成团队，使其各自发挥专业力量，并在决策人、研究者、设计师、工程师和营销专员等岗位上进行角色分工。这些生产过程在整个系统中是相互关联、相互协作、相互制约的，最终形成了错综复杂的网络关系。

需要注意的是，并行模式并不是指设计活动的并行，而是指在设计过程中的协作。并行模式也不是一种管理方法，而是通过组织相关人员进行交流和协作，从而定位产品的市场价值。并行模式可以与传统模式共同发展和进步，由于这种模式的网络特性，也让它与其他模式有许多共通之处。

相对于串行模式，并行模式更具有可靠性。并行模式避免了时空顺序关系造成的制约。犹如并联照明电路系统一样，某个电灯的损坏，不至于影响到其他电灯的正常工作。在产品开发设计过程中，难免会出现由于决策和判断上的错误而导致总体上的失误。相反，在这种模式下，便于及时发现问题，修正错误。原因在于：该模式下的相关过程处于并行关系，而且是朝着同一个目标运行，从属于整体。相比之下，串行模式中的各个阶段只对下一个程序负责。可以说，并行模式是一个整体控制的模式，因而可以最大限度地避免错误，减少重复和变更，降低成本，提高效率。

并行设计的观念改变了传统的只在产品定型时才导入设计的做法，而使设计介入整个开发过程，使得不可避免的各个相关因素的协调过程，从设计后期提高到了初期，以至各个阶段。因此，也就能避免和减少反复、变更及浪费。这对于新产品的研究和开发（R&D）来说是至关重要的。所以，新产品开发系统往往是并行系统。

（六）设计的思维方式与技术方法

1. 设计的思维方法

设计的思维方法是研究如何界定研究对象，发展多种不同构想以及辨认最佳构想的思维技巧。其目的在于探索、激励创新的心理机制，克服定式思维所带来的心理障碍，充分发挥创造性思维的积极作用。

设计思维方法主要对设计起总体或阶段性的统领作用，对设计的技术方法起指导和协调作用，主要包括创新设计理论与方法、形态组构理论与方法、价值工程理论与方法、人机工程理论与方法以及设计管理理论与方法。

2. 设计的技术方法

技术方法是针对具体的设计行为和设计目的采取的针对性较强的设计方法，在实际的设计活动中，能够起到合理化设计，清晰化、可视化设计和加速设计进程的作用。具体包括调研方法、草图绘制、CAD 以及其他绘图程序支持方法、多媒体技术支持、虚拟现实建模语言的支持、电子商务对设计的参与支持、并行工程切入方法、人机界面的交互设计方法以及其他信息技术参与的设计和表达方法。

其中，设计调研方法还可细分为调查问卷的制作、调研信息的采集（图片拍摄、录像影片摄制、声音的采集、同类产品的综合信息采集）、实地调查、网络查询收集、文献资料调查等。

随着人们对设计活动中设计信息交流的要求日益加深，设计者对设计信息的外在表达（Presentation）成为目前设计中的一项重要方法和内容。从传统的马克笔、水粉水彩笔技法、色粉笔技法、喷笔技法、比例模型表现到数字化表现技法，再到后来全新的数字可视化表现技法，如三维模型、二维效果图、多媒体综合表现等，设计表达方法正在不断更新和充实。

二、产品改进设计

（一）产品改进设计的方法

改进性产品最大的特点就是在原有产品的基础上进行调整，所以改进设计最核心的方法就是缺点列举法，找到现有产品与市场需要不吻合的地方，进行修改，创造新的卖点。一般进行产品的缺点改进时会用到以下具体办法：

1. 加法设计

加法就是在产品原有形态、结构色彩、材料功能的基础上添加与市场潜在需求相关的元素，提升产品功能、材料、材质等要求，形成与原有产品的差异，在增加少量成本的前提下，使消费者产生耳目一新的效果。

2. 减法设计

减法设计一般都是在产品表面做文章，就是对装饰细节进行调整，以求得设计更加精致、简洁。但也有不少产品改进是做功能改良设计的，例如，在手机设计领域中，早期对手机的设计都是加法设计，在其功能上进行添加再添加，但是当手机市场比较成熟，需要更加细化的产品来面对消费人群的区别，就出现了为儿童和老年人开发设计的专有手机，针对这样的客户群，手机设计就要简化原来比较烦琐的操作功能，只留下最基本的使用方式，这就是功能上的减法。

3. 组合设计

组合法也是改进性产品设计的常用方法。对于产品设计的组合可分为工艺组合、结构组合、材料组合等。组合方法的采用是希望产品的设计能增加为最优化的配置形式，这种部分功能的增加，能够增加产品的销售量，扩大市场占有率。

（二）改进设计的内容

1. 外观设计

产品改进设计最常见的改进部位就是产品的形态外观，因为这部分的改进最直观，能够很清晰地展现出产品之间的换代关系。

（1）形态外观改良

形态改良能与设计潮流步调一致，容易被消费者识别。从技术角度来看，形态外观的改变也是最容易操作的部分，一般是在原有技术平台基础上进行调整。如果一个品牌的产品外观形成风格，那么形态外观的改良基本上也就是微调，在保证整体形态不变的情况下，只做表面部分的细化，如增加装饰条、表面按键的重新分割等。因此，追求产品外观的风格化是建立产品特征的重要手段，也是增加产品外观寿命的最佳办法，还是产品改良的基础平台。好的产品特征就是该产品的风格，风格形成延续很长时间，人们对它的兴趣也会呈现出一种循环的模式。追求潮流的产品形态设计往往会碰到产品销售快速成长时期，同时也会面临快速衰退时期，即便是在生命周期的成长时期介入改进也会因为潮流的大势所趋，而走向衰退，因此，将潮流型产品作为改良设计的基础，控制起来比较困难。

（2）表面材料的改良

表面材料的改良是比较容易操作的方法，这由产品材料设计的特性决定。不同材料有它自己独特的表达语言，有的传达的是高品质的质感，有的传达的是活泼时尚的风格，有的传达的是深沉含蓄的语言，因此即便是在产品形态不做出改变的情况下，仅仅更换产品的表面材料和材质也会使产品的外观出现比较大的改观。

2. 功能结构改良

功能改良一般会带来产品结构上的变化，结构改变产品的形态也会发生比较大的调整，这样的改良一般会发生在企业的产品需要更新换代的情况下。一般一个产品上市后，经过一段时间的销售，大家对其使用功能有了认识，要求功能改良须删除不必要的功能，同时增加不足的功能。对功能的定义，首先按照用户的需求，理解产品的卖点，要把握产品的主要功能，这是产品实用性最大的表现；其次对功能的设计尽量用最简单的方式。直接简单是最佳的设计思路，改良功能就是提高产品各种功能的使用率，减少不必要的浪费。

3. 人机功能改良

人机工程学是研究人在某种工作环境中的解剖学、生理学和心理学等方面的各种因素，研究人和机器及环境的相互作用，研究在工作中、家庭生活中和休假时怎样统一考虑工作效率、人的健康、安全和舒适等问题的学科。产品中的人机关系设计就是要求产品设计要符合人的生理、心理因素。因此，对人机关系的改良是所有产品设计的重要研究课题。创造出与人的生理和心理机能相协调的"产品"，重视"方便""舒适""可靠""价值""安全"和"效率"等方面的评价，是任何一种产品设计不断推进的设计方向，使机器、环境适合于人或者使人适应于机器和环境，这是个动态过程，在这个过程中不断遇到新的问题，就需要设计进行针对性的调整。

第五章　产品设计的创意思维原理

第一节　创意思维的创造性与再造性

设计是多元化的艺术，设计本身就是一种创造。设计的过程就是创意思维实现的过程，在好的创意思维方式的引导下，我们能够更快更准确地找到思维实施的点，从而缩短设计时间，目标明确地进入所涉及的事物中，提高设计的效率与效果。设计的效果只能说明设计的结果，而设计的效率要靠创意思维的训练和培养来体现。等待灵感只能让我们白白浪费时间与精力，有了创意思维的系统支持，灵感会源源不断地融入我们的设计中。

一、创造性与再造性

与传统的教育模式相比，现阶段所推行的教育方式致力于培养孩子的创造性思维和创造能力，指引着孩子向未来前进，向未知领域出发。一般情况下，如果人们开展某项活动只是通过模仿、吸收和学习等环节，则难以实现创造性的突破。再造性则与创造性的定义有所不同，再造性活动是指通过利用现有的知识和经验，或只做小幅度的调整，即可完成相关工作。再造性主张遵守规则，不可随意发挥，不可随意改造，更不可节外生枝，造成意外情况。再造性活动占据人类活动总量的绝大部分，涉及范围十分广泛。譬如常规生产，各种工艺要求以技术文件等形式下达给操作者，操作者严格执行，这样才会生产出与标准样品完全一样的合格产品。如在农业生产中，人们日出而作、日落而息，春播、夏作、秋收、冬藏，年复一年，代代相传；会计工作中的设置账户、复式记账、审核凭证、登记账簿、成本计算、财产清查、编制会计报表等都是绝对规范而统一的。从某种意义上来讲，再造性活动的实质是追求"把事情做好"，而创造性活动则追求的是"做最好的事"。但是在一般情况下，任何创新都要承担一定的风险。即使一个小小的创新的想法，也有可能让你在众人面前丢脸，或者考试不及格。

二、常见思维方式

（一）下意识型思维

下意识型思维是指根据先前的个人经验，不知不觉地就会参照以前的做事模式。事后，还不一定发觉这样做对不对。下意识型思维又被称为习惯型思维。人们在一定的环境中工作和生活，久而久之就会形成一种固定的思维模式。

每个人每天可能就是做着同样的事情，教师上课、下课、回家；学生教室、食堂、宿舍三点一线；上班为了节约时间我们会选择一条最近的路线，并日复一日地重复等。当然，在这种情况下，按照习惯性的经验去思考、去行事可以少添麻烦，节约时间，让生活变得简单有序。但是我们会发现下意识型思维往往会使人们习惯于从固定的角度来观察、思考事物，以固定的方式来接受事物，它是创新思维的天敌。要想使自己变得聪明，要想进行创新，就必须自觉地打破下意识型思维的障碍。

有这样一个著名的试验：把6只蜜蜂和同样多只苍蝇装进一个玻璃瓶中，然后将瓶子平放，让瓶底朝着窗户。结果发生了什么情况？你会看到，蜜蜂不停地想在瓶底上找到出口，一直到它们力竭倒毙或饿死；而苍蝇则会在两分钟之内，穿过另一端的瓶颈逃逸一空。

由于对光亮敏感跟蜜蜂的生活习性相关，它们肯定认为"囚室"的出口必然在光线最明亮的地方，它们不停地重复着这种合乎逻辑的行动。然而，正是由于长期形成的习惯使这些蜜蜂灭亡了。

而那些喜欢乱窜的苍蝇则对事物的逻辑毫不留意，全然不顾亮光的吸引，四下乱飞，结果误打误撞碰上了好"运气"，这些头脑简单者在智者消亡的地方反而顺利得救，获得了新生。

蜜蜂的经验让它们永远朝着窗户的方向去找出口，结果被困死。而人何尝不是一样，每个人都在不同程度地被自己的习惯和惯性思维所左右。在职场中，很多人换了一个公司总是觉得难以适应，原因就在于他们总是将以前公司的那种文化和处事方式，拿到新公司里来套用，结果再碰壁。事实上不是你现在的公司文化不好，而是你不能突破和改变旧有的思维习惯和行事的方式。

影响创造性思维的关键因素就在于风险意识的弱化。因为我们干一件事情，越富有创造性承担的风险就会越大，因此，尝试新事物，运用新方法，关键是要有勇气承担比循规蹈矩更多的风险。但不容忽视的一点是，在很多特定的时期，如果不能打破这种思维定式，反而会使我们陷入更加危险的境地，重蹈蜜蜂的覆辙！因此，我们必须学会冒险，学会突破这种思维定式，才能找到更为广阔的天空。

（二）权威型思维

从我们上小学起，就这样认为，教师说，学生听。好像教师永远是对的，学生永远是服从教师说的每一句话。以至于在今后长期的学习、工作和生活中，逐渐形成对教师、领导、经理、董事长等这类权威人士的敬畏，因为他们都具有发言权和决定权。

权威型思维的形成主要通过以下两条途径：第一条途径为"教育权威"，指在儿童到成年这一过程中所接受的教育途径；第二条途径是"专业权威"，以专业力量为主，从而形成专业性权威。权威型思维的强化有利于培养统治能力，但在权威确立之后又会产生"泛化现象"，即将个别专业领域内的权威拓展到社会生活中的其他领域内。

权威型思维有利于惯常思维，却有害于创新思维。我们尊重权威应该把握好一个度。一切按照权威的意见办事，不敢对权威说不，在需要推陈出新的时候，它往往使人们很难突破旧权威的束缚。特别是当今时代的年轻人，应该有这种认识：权威的意见只是在特定的时间、特定的地点起作用，要充分相信自己，以自己的实际行动证明自己，检验真理。历史上的创新成果常常是从打倒权威开始的。

对于权威，应当学习他们的长处，以他们的理论或学说为基础和起点，但不可一味模仿，不敢超越他们，如果人们永远做权威的随从就会一直是个小角色，永远不能超越权威了。

（三）从众型思维

从众型思维就是指做事风格大众化，缺乏自身的独特见解。在当今社会中，从众心理成为一种最普遍的心理状态，因为在当今这个生活节奏飞快的社会中，人们逐渐习惯了跟从大众，认为大众的观点是主流观点，所以大多数人会在从众心理的影响下陷入盲目的追捧。

产生从众思维的原因是由于人类本身是一种群居性动物，为了能在群体中生存，大多数人都遵守着"少数服从多数，个人服从集体"的规则，久而久之这种规则便在人们心中根深蒂固，从而形成从众性思维。

从众性思维也不是一无是处，以某种程度来讲，它能使人们获得较强的归属感和安全感。从众性思维使人们从心底认为，如果有过错，也无须独自承担责任，这种想法会影响人们的行为，从而使人们做出不经过深思熟虑的决定。

从众心理导致的思维障碍，使人们缺乏独立探索的精神，抑制了对创新的敏感和勇气。突破从众型思维定式就是要每个人有一双明亮的眼睛和一个灵敏的大脑，关键时刻要有自己的主见，要有意识地培养自己的独立判断力。

（四）书本型思维

书本型思维是指人们做事需要借鉴书本上的知识内容和客观规律，凡是遇到无法解决的难题，都要通过读书来寻找答案，久而久之，便使人们产生教条主义和本本主义的错误思维。人们通过阅读书籍来丰富知识，增长见识，从而开阔视野，但是我们也要看到书籍的相对性和局限性，如果一味地依赖书籍则会退化我们的创造性。知识经验是相对稳定和严谨的，人们通过利用专业知识开展生产实践，又将所得的经验进行总结，从而循环往复。但在这种稳定的循环状态下，难以实现重大突破，人们逐渐形成固定的思维模式，导致创新能力大幅下降。知识本身是一种限定的框架，人们经过知识的洗礼后认为只有在书籍中才能得到答案和真理，但是人们往往忽略了书籍以外的世界。

时代在发展，条件在变化，书本知识也有可能过时。因此，人们既要学习书本知识，接受书本知识理论的指导，又不能盲目迷信书本，要敢于提出十万个为什么，经常进行创新思维训练，以便灵活地运用已有的知识，让它们与自己的智慧同步增长。

（五）模仿型思维

模仿型思维是指通过模仿，将他人的想法变成自己的思维观念。不同的成长阶段，模仿型思维具有不同的意义。在幼童时期，认识世界的第一步就是模仿。但是对于一个国家、一个企业、一个成年人来说，仅仅具有模仿型思维，是远远不够的。

三、如何突破思维定式

人的思维往往有一种定式，按照以前的观点去思考问题、分析问题，然后用这种旧的、过时的思维模式得出的结论来指导我们的行动。大千世界，变化万端，特别是在这个飞速前进的时代，可以说，每一分、每一秒，我们周围的世界都在发生着变化。而我们仍旧抱残守缺，让思维的惯性继续影响我们的生活，使我们的生活陷入僵化和腐朽。要想突破思维定式，我们必须做到：

（一）保持个性，不盲目追潮流

现在是追潮流的时代，让人觉得眼花缭乱。有些人今天一个样，明天又是另一个样。须知，所有人都去追赶一种时尚，那就失去自我了。对设计而言，保持个性，十分重要，它是创意设计的前提。"JUST DO IT"，强调的就是每个人只要有自信，不盲目追捧，做自己，你就是独一无二的潮流。

（二）集中精力，聚焦关键问题

具有创造性的思维，必定需要抓住事物的关键因素，集中精力解决主要问题。创意思维的训练离不开发散性思维，因为设计项目的解决需要从多方面入手，但是要让发散性思维成为创意思维则需要将有效的思维集中到一起。一般来说，创意思维首先要集中一定的思维能量，在此基础上再进行"集中—发散—集中—发散"的循环思维活动。如烟灰缸设计，普通的材料，原本在功能上"各司其职"。将其进行综合利用，便产生了极具创意的形态。

（三）丰富知识，保持信息畅通

科学技术的发展，使得知识更新不断加快。创意思维的产生更需要丰富知识。建立一个"自主知识储备体系"是创意思维的基础。知识的多面性可以提供创意的原料。而信息畅通则是创意思维的保障。信息时代的特点就是动态性和时效性。世界变成了一个地球村，抓住信息就等于抓住了创意。例如，网易的丁磊、百度的李彦宏等，他们都有留学背景。他们的成功，很大程度上得益于信息的"捷足先登"。

（四）多想多问，学会举一反三

创意思维方法跟其他学科的方法一样，无穷尽。多想多问是创意思维的关键，一件事情的解决往往不止一种方式。举一反三可以不断拓展创意思维的外延，增加创意思维的方法。

（五）随机应变，营造创意环境

创意思维的主体是人，外因的重要性也不可忽视。只有具备创意的环境，才能用"外因"来配合、激发"内因"，里应外合才能迸发出最好、最快的创意。只有抓住全球创意产业兴起的机遇，立足全球文化大背景，才能建立和发展国内文化创意产业，建设创新型国家。一个优秀的设计，应该能够洞悉产品背后的消费者需求、市场供给等外部环境，而不是单纯只考虑产品本身的颜色、质感、造型等因素。

四、拓展创意思维的视角

独创常常表现为打破常规，追求与众不同。要打破常规就要求思维具有批判性；追求与众不同就要求思维具有求异性。富于独创力的人常常用一种近乎挑剔的眼光看问题，并总是能提出与众不同的、罕见的、非常规的想法。

对于创意思维来说，我们平时习惯性的思维是一种消极的东西，它使头脑忽略了习惯性之外的事物和观念。但是对于我们来说，习惯性的思维似乎是很难避免的东西。它就像一副有色眼镜，戴上它，整个世界都是眼镜片的颜色；但是如果摘下它，我们的世界就会变得模糊不清。

解决这个问题的办法就是尽量多地增加头脑中的思维视角，学会从多种角度观察同一个问题。如果我们头脑中的有色眼镜无法摘除，那么我们可以多戴几副有色眼镜来看待同一个问题。比如，我们先戴黄色眼镜，整个世界就是金色的、闪闪发光的；换上蓝色眼镜，世界马上就变了，变成了大海和晴朗的天空；再换上绿色眼镜，世界便呈现出一片生机勃勃的样子；如果再换上灰色眼镜，世界便变得暗沉，生命变成灰色……

在设计时可以从以下六个角度来看待和分析问题：

（一）肯定的角度

当面对一个具体的事物或观念时，首先我们要肯定它，认为它是好的、正确的。特别是在对待儿童的教育问题上，这种肯定的态度会给你带来非常积极的效果。就如《小王子》中的主人公，如果大人们在看他的那幅画时给予足够的支持和鼓励，也许主人公会坚持画画，长大后成为一个画家。

（二）否定的角度

"否定视角"与"肯定视角"相反，否定，也可以理解为"反向"的意思，就是从反面和对立面来思考一个事物。把事物或观念认定为错误的、坏的、有害的、无价值的等，并在这种视角的支配下寻找这个事物或者观念的错误、危害、失败、缺陷之类的负面价值。

书架是用来干什么的？当然是放书的。那么书架肯定要是空的才能把书放上去吧？答案也是肯定的。但是有人偏偏反其道而行之，就要把书架事先放满书，那么我们自己的书放在哪里呢？别着急，你把书放进书架时，书架上面的假书就会向后弹开，这样平时我们没有那么多书放在书架上的时候，书架也不会空着很难看。

（三）传统的角度

每一个社会、国家都有其历史，因而形成了各自不同的独特的文化。在设计的时候如果能够从自身的文化出发，就有可能挖掘出更有内涵或更有特色的作品。

（四）相同的角度

"世界上没有两片完全相同的树叶"，这句话我们都知道。任何事物或观念之间都有着或多或少的相同点，我们在设计时抓住这些相同点，便能够把许多看似毫不相干的事物联系起来，从中发现新的创意。

（五）相异的角度

"世界上没有两片完全相同的树叶"告诉我们由于每一种具体事物都有无限多的属性，所以任何事物之间都不可能完全相同，都能找到差别。相异视角就是抓住这些区别来进行新的设计。

随着市场竞争日渐激烈，各类商品极大地丰富起来。我们现在买东西的选择越来越多，选择余地越来越大。那么怎样才能使商品从市场上脱颖而出呢？这就要求商品必须有特色，这样才能吸引顾客。

同样的东西，如果使用的材料不同，就会产生不同的效果。把不同的材料运用在设计中就会让人产生耳目一新的效果。比如，设计师以避孕套为一种基本的元素运用于自己的服装设计中；用不同的材料来代替凳子、桌子的一些组成部分，也能产生独特的效果；或者干脆舍弃原来的材料，把燃具和灶台用瓷砖融为一体……

（六）个性的角度

我们观察和思考问题的时候往往喜欢以自我为中心，从自己的想法、自己的需求、自己的喜好等入手来进行设计。而在以自我为中心的例子上，艺术家是最自我的。所以，有时候他们设计的东西因为自我而与众不同、个性鲜明，受到大众的喜爱。

第二节 产品设计的创意思维特征

一、创意产品特征的体现

（一）造型创意

创意的产品是指在结构和性能相同的条件下，具有巧妙造型的产品。从这个角度来说，产品的创意就是造型的创意。目前出现的仿生造型、流线造型、组合式造型、符合人机的造型及产品语义造型等都是创意造型的体现。

（二）功能创意

现代产品的功能主要体现在多方面，如物理功能、生理功能、心理功能及社会功能等。其中，物理功能是指产品的性能、构造、精度及可靠性；生理功能主要指产品的安全性及便捷性等方面；心理功能主要指产品各要素带给人的愉悦感，包括造型、肌理、装饰等；而社会功能主要是从社会地位和社会价值而言的，具体指某种产品所显示的个人兴趣和爱好等。从功能层面来说，可以通过以下途径来实现创意：增加或减少功能、组合多种功能、改变原有的功能及发展特异功能等。

（三）色彩创意

在造型相同的条件下，给产品添上美丽的色彩将会丰富产品的视觉效果。

（四）材料创意

产品所用的材料不同，带给人的视觉和触觉感受是不同的。如斯塔克设计的环保电视，这是运用环保材料而进行的绿色创意设计。新材料应用属于高新技术领域的一大分支，通过研究并开发新材料为产品创意提供灵感来源，从而达到创新的目的。

（五）新概念的提出

创意概念是一种新产品进入市场的基本形式。随着社会经济和科学技术的不断发展，新产品以一种创意概念的形式不断涌入市场。

二、产品设计过程的抽象和具体

从本质上说，产品的设计过程实际上是一个抽象和具体的过程。抽象是指将大自然和生活中的美好事物以一种概念化的形式提取出来，而具体则是指将这些抽象概念具体化的过程。

（一）产品设计应该是一个抽象的过程

产品设计的思维过程是将复杂东西简单化，而这一过程就是产品设计的抽象过程。对于一个产品设计师来说，其不仅要有深厚的历史文化底蕴，同时还要具备一定的抽象能力，以便能从众多的素材中提取精华并将其运用到产品设计中。

产品设计由复杂到简单的过程主要体现在设计师往往只会选择一部分知识或一些文

化元素来作为产品的核心支撑。但是这并不意味着设计师只需要理解或掌握这一部分文化知识，只有以深厚的历史文化底蕴做铺垫，在设计的过程中加入自己对生活的思考和理解，才能设计出真正意义上的创意产品。对于产品来说，国别并不是判定其创意程度的标准，对文化的理解及产品所涵盖的文化量才是判定产品创意性的主要指标。

（二）产品设计也是一个具体的过程

整个产品创意不仅是抽象的过程，更是具体化的过程。抽象是从众多的素材中提取出精华部分作为产品设计的"骨骼"，而具体化的过程则是通过各个细节的设计使产品不断趋于丰满。对于每一个产品的设计来说，其都必须经过抽象和具体这两个过程，也就是说产品设计的过程是抽象和具体相结合的过程，同时也是归纳与演绎相结合的过程。

三、创意思维培养

创造性思维又称变革型思维，其是一种可以物化的具有新颖性的思维活动。对于产品的设计来说，创造性思维是至关重要的，通过创造性思维将事物的本质和外在有机结合在一起，以创造出具有创意的产品。

（一）思维、观念的变化

随着社会经济的不断发展，人们的需求已从物质方面转换到了精神文化方面，而现代产品的设计也应顺应时代发展的潮流，从整体出发，以一种多元化的角度去思考、去创造，形成一种全新的产品设计概念。也就是说产品的设计应突破旧有的框架模式，取其精华、去其糟粕，通过不断整合创造一种新观念、新形式。

（二）创意思维的形式和特点

作为创意思维的具体表现形式，抽象思维、形象思维、直觉思维、发散思维、逆向思维、灵感思维等构成了协调统一的整体。创意思维是人类思维的高级阶段，其在反复辩证的过程中得以发展和应用。此外创意思维不仅受智力因素的影响，还与非智力因素密切相关，如个体的情感、意志、理想、信念及创造动机等都是影响创意思维发展的重要因素。

（三）创意思维的培养

创意思维的本质是一种意识形态，但同时也是一种能力。对于一个人来说，其并不是天生就具有创意思维，而是通过后天的培养才获得的。培养创新性思维可以从以下四

方面入手:

1. 善于观察

多观察、多思考，鼓励思维中的反常性、超前性；鼓励点点滴滴的直觉意识，不要轻易否定和放弃。

2. 抽象能力

对于捕捉到的瞬间灵感，做出进一步的抽象。这一过程要求具有较为丰富的知识，掌握充分的思维材料，不断加强思维过程的严密性、逻辑性、全面性。

3. 广阔的联想

一般来说，联想思维越广阔、越灵巧，则创意活动成功的可能性就越大。

4. 丰富的想象

想象包括好奇、猜想、设想、幻想等。牛顿说："没有大胆的猜测，就做不出伟大的发现。"

第三节 产品设计的创意思维过程

一、产品设计创意思维过程模式

（一）三阶段模式

美国创造学家亚历克斯·奥斯本（Alex Faickney Osborn）的三阶段模式包括寻找事实、寻找构思、寻找解答。

（二）四阶段模式说

1. 沃拉斯模式

美国心理学家约瑟夫·沃拉斯（J.Wallas）于 1945 年出版了《思考的艺术》一书。在这本书中，沃拉斯首次对创造性思维所涉及的心理活动过程进行了较深入的研究，他提出创造性思维过程包括准备、孕育、明朗和验证四个阶段。该学说的出现在国际上产生了较大的影响，从此对创造思维的研究引起了心理学界的高度重视，大大促进了该领域的研究发展。

沃拉斯认为，任何创造性活动都要包括准备、孕育、明朗和验证四个阶段，每个阶段都有各自不同的操作内容及目标。

（1）准备阶段

准备阶段要以问题为中心收集相关资料，并通过不断研究和分析以明确问题的特点，进而掌握解决问题的思路和要点。

（2）孕育阶段

孕育阶段也叫潜意识的加工阶段，在这一阶段，认知主体不再有意识地去思考问题，而是将注意力转向其他方面，但是实际上，认知主体仍在进行潜意识的思考。之所以会暂时搁置问题，是因为人们原有的知识经验存在局限性，传统的方法不再适应创造性的活动，只能先将其搁置。孕育阶段所持续的时间可能很短，但也有可能延续多年。

（3）明朗阶段

明朗阶段是指在这一阶段，认知主体经过长时间的潜意识思考，逐渐对所要解决的问题有了清晰的认识，在此基础上可能会因为某个偶然因素或某一事件的触发突然找到了解决问题的方案。对于这一阶段来说，认知主体想到解决问题的办法可能就在一瞬间，因此又被称为"顿悟"。但是这一顿悟的产生并不是偶然的，而是认知主体在不断钻研和思考中逐渐摸索出来的。

（4）验证阶段

验证阶段是为了检验上一环节所得到的解决方案是否正确或切实可行。通常情况下，可采用逻辑分析和实验的方法来验证由顿悟所得到的解决方案，以检验其正确性和可行性。

由此可见，由沃拉斯提出的创造性思维的"四阶段模式"并不是一种单纯的思维，而是显意识思维和潜意识思维的综合运用，显意识主要是指准备阶段和验证阶段，而潜意识思维则是指孕育阶段和明朗阶段。

2. 华莱士模式

1926 年，英国心理学家华莱士基于对科学家传记和回忆录的研究提出了自己的创造性思维模式。准备阶段、酝酿阶段、明朗阶段及验证阶段是华莱士所提出的创造性思维的四阶段模式。

准备阶段是认知主体明确问题，掌握问题特点的阶段，具体包括收集资料、概括整理、提取问题解决的关键、初步尝试解决问题。此外，这一阶段还要求认知主体不断学习相关知识，提升自身的技能；酝酿阶段是在认知主体毫无思路的情况下先将问题暂时搁置，但是这种搁置并不是放弃对问题的思考，而是以一种潜意识的方式钻研问题、思考问题；明朗阶段是指认知主体找到了问题解决的方案，消除了长时间的困惑，因此，这一阶段是最激动人心的，认知主体也因此获得了巨大的满足感；验证阶段即是认知主体的反思过程，同时也是检验解决方案是否正确和可行的过程。

（三）五阶段模式

1. 杜威模式

约翰·杜威（John Dewey）在他的《我们是怎样思维的》一书中提出了他的关于创造性思维的五阶段模式说：①感到某种困难的存在；②认清是什么问题；③收集资料，进行分析；④接受或抛弃实验性的假说；⑤得出结论并加以评论。

2. 其他五阶段模式

这些模式主要有英国著名设计家劳森（Lawson）的五阶段模式：一是初识，二是准备，三是孕育，四是启发，五是验证。从本质而言，劳森的理论模式与杜威的理论模式并无多大差别。

二、创意思维的具体过程

（一）提出问题（发现并界定实际问题）

人的创造力是怎么来的呢？基本上是经过脑力开发而来的。如果你每天都用脑，那么你脑细胞的潜力就会被渐渐激发出来，越用越聪明。而现在我们要做的就是把创新当成一种习惯，通过对头脑的锻炼，使人养成一种随时都想创新，随时都在创新的习惯，改变传统的思维习惯，建立新的思维。

创新思维习惯是需要训练的。首先就是训练注意、观察、思索的能力。

1. 注意、观察、思索

（1）注意

"注意"是对外在现象或内心思索对象的专注意识，是创意思维的第一步。其特征为：

①对特定事物的关注能力。

②对特定事物以外的"不受干扰能力"。

（2）观察

"观察"是对外在现象认识、记忆的过程。其特征为：

①从事物的不同角度进行观察。

②注意事物的整体与局部及不同的观点与立场。

（3）思索

"思索"是对意识到的事物的再认识、回忆、组织的过程。其特征为：

①"思索"不仅包括记忆力、想象力，还包括直觉等潜意识。

②"思索"受生理状况、外在环境、内在情绪的影响。

同样，设计师也应该有比常人更敏锐的眼光。对他们而言，对生活的观察力度决定进步的程度。

2. 问题意识

一般设计公司的设计程序是这样的：

①接受设计任务，明确设计内容。

②制订设计计划。

③设计调查，信息收集。

④认识问题，明确设计目标。

⑤展开设计。

⑥设计草图。

⑦方案评估，确定范围。

⑧效果图。

⑨绘制外形设计图，制作三维草模。

⑩人机工程学的研究。

⑪优化方案，讨论实现技术的可能性。

⑫色彩方案。

⑬方案再评估，确定设计方案。

⑭设计制图，模型制作。

⑮编制报告，设计展示版面。

⑯原型测试，全面评价。

⑰计算机辅助设计与制造（成品）。

设计的目的是发现问题、提出问题和解决问题，你认为哪一个更难？大部分人认为解决问题更难，其实发现问题更不容易。

（1）不解导向的问题意识

"看到事物，看不懂，都想要看懂"，这个问题实际很好解决，就是多问几个"为什么"。我们平时看到什么事物总是凭自己的经验去理解，即使看不懂有时候也就算了，没有那种凡事都要寻根问底的精神。

（2）不满导向的问题意识

就是对任何事都抱着"不满意，不满足"的态度。万事只有变化才有进步，如果我们对任何事物都很满意了，那么我们就不会想着去改变它，生活就不会改变，整个社会也就会停滞不前。所以，一个成功的设计师除了拥有对事物敏锐的观察能力之外，还应该对任何事物都抱有不满意的态度，随时对自己或者别人的设计"挑刺"，这样才能设计出更好的作品。

（二）解决问题（通过头脑获得思维产品）

在发现问题、提出问题之后，就要开始解决问题了。德国当时推出了一款防盗手机，说到"防盗"，我们首先想的是如何去"防"。于是针对这个字提出了很多的解决办法：在手机内置防盗装置，一旦有人拿走就发出叫声；在手机内设机关，一旦有人拿走就会被电到……可是这些办法要么成本太高，要么科技含量太高，大都没有普及。那么我们来看看这款新手机有什么特殊的。这款手机说是防盗，其实在被偷时和其他手机并没有什么不同。但是在被盗后手机的主人可以设置一项功能：这个手机只要有电池就会疯狂地尖叫，直到电池被取下来。一旦装上电池，它就又会尖叫，而且不管你换多少次新电池都一样。这样小偷只要一用这种手机所有人都会知道手机是他偷来的，自然也就没有人买了。手机偷来卖不出去，自然就没有人偷了。这个手机创意的精彩之处在于并不是直接从"防盗"这个角度去思考，而是从如何断了"销路"这个角度去构思，因而取得了成功，可见创意的重要性。现在城市很多公共设施经常被盗，比如，走在大街上，经常发现下水道的盖子不见了，或者公共汽车站站台的座椅不见了。市政工程人员做了很多措施，比如，把座椅的脚直接焊在地上，但是过几天来看，座椅往往只剩几条腿了，其他部分都不见了……上述措施仅仅从如何防止盗窃这个方面来想办法，同样的道理，是不是可以从另外的角度想想？比如，从防止流通的角度。如果市政工程管理部门从废品收购站直接入手，禁止购买这些特殊的废铜烂铁，可能会有意想不到的效果。

第六章　产品设计的创意思维

第一节　产品设计的思维方式

一、产品设计中传统的思维方式与创新的思维方式

（一）传统的思维方式

传统的产品设计思维首先是一种"形象思维"。虽然对形式的美与丑、视觉元素之间和谐与对比的关系的判断存在着个体的差异，但是这种能力却存在于每个人的身上，这就是一种审美感知能力，它是以客观物象为基础而进行的再造想象，在整个思维过程中如影随形，是多数人与生俱来的能力。同时，产品设计思维又是"抽象思维"与直观的动作思维。每一件创新产品的开发构想，每一种别出心裁的设计，都是设计师思维的体现。设计思维在设计师的创造活动中发挥着越来越重要的作用，随着设计艺术的不断发展，传统设计思维也逐渐形成。

传统的思维方式具有一定的哲学性、直觉性、逻辑性与系统性。一般而言，艺术与设计所奉行的基本哲学是冲突的，只有在理想和实验的基础上，或可寻找到共同的东西。这一方面体现了设计对艺术批判的消解力，另一方面也反映出一种利用相对于主流文化的亚文化拓展自己思想空间的努力。新浪潮重视设计中的直觉，以及形式语言的表现力，在对体制文化、主流文化的反拨与批判中显示出个性的思考，证明着多元互补存在的必要性。

想象力和直觉并不是逻辑分析的产物。"直观"与"直觉"相联系，但直观侧重于"观"，而直觉侧重于"觉"。"直观"是视觉形象的最高形式。

逻辑思考通过因果律和假定进行推断，目标在于分辨与分类，按规律的方式进行思考，运用精确的语言来描述，以解决问题为目的，偏重于对外在世界的探索，而尽量排除个人的主观认识，而直觉与其相对，它揭示的则是内在世界及个人经验的奥秘。因此，对于产品设计，思想的逻辑表达作用是有限的。逻辑的有限性事实上是艺术对思想表达的一种反

思，也就是说，逻辑是理性的，艺术指向非理性。艺术观念的表达就是从理性到非理性的过程，理性保证着非理性的品质，反过来，非理性吸纳着理性的营养，释放着理性的能量。因此，艺术的真正形态是自然的、自由的、无可辩驳的、无法预知的、匪夷所思的。换句话说，是一种逻辑作用下的非逻辑形态。而设计一般呈现着相反的状态。通常，设计的定位，是一个逻辑性很强的理性思维。

（二）创新的思维方式

创新思维是基于认知主体的感性和想象而进行的一种大胆的思维活动，其特点在于打破了惯性思维、突破了传统思维定式的限制。创新思维是多种思维形式的综合运用，具体包括抽象思维、形象思维、发散思维及跳跃思维等，其受多种因素的影响，包括情感、意志、理想、信念、动机等。对于产品设计来说，创造与创意是其最根本和最核心的能力，因此，在设计教育中，培养学生的创造能力是至关重要的。一切创造都存在两个过程：知觉与表现。对人们而言，创造性思维和情感、意志、个性、意念密切相连，在感觉、知觉、记忆、情绪、思想、审美等心理活动中发挥作用。创新包含两个阶段，获取解决问题所需知识的阶段和产生潜在问题解决方案的阶段。创新需要解决设计的思维如何以更快的速度和更好的品质在"获取"和"解决"的过程中发挥作用的问题。应用性质完全不同的要素，强制毫不关联的事物发生关联，把问题转化成其他问题，联想就有了极大的空间，设计也在一切事物之中。

创新思维是对过去理念的超越，通过对旧理念的分析和研究，以在不断冲撞和融合中形成一种新的理念。对于设计师来说，变化和转换是优化设计理念的两种常用方式。

创新并不意味着对旧理念的全盘否定，而是在旧理念的基础上融合新的元素，通过整合以形成新的理念。也就是说新理念是一种包含新元素和旧元素的创新理念，这样的创新是承前启后的，具有一定的过渡性。

对产品设计师而言，创新必须具有"有用性"，这种有用性对于设计是如此重要，以至于超过了"新"。有用是一个较为恒定的设计标准，产品设计需要经过客户与无数消费者的应用而得到认定，这是一种自然的检验，有效而且客观，起着优胜劣汰的作用，显然，这种认定的重要性超越了产品设计师个人的满足。

成功的创新意味着对历史有着很好的了解，意味着对过去的理念进行了超越。在此过程中，理念的组合与协调非常重要，单独的理念很难出新，而理念的组合与协调则有可能突破一个理念本身的局限，建立相关理念的联系。一可以生二，二可以生三，三可以生万物，同时，一加一可以等于三，三加三可以等于三十三。更深刻的理念可以从理念的融合中获得。因此，理念外向的导引及其与其他理念相互碰撞就变得重要，理念超越的推力可能来自理念自身的系统之外。

创造性思维不受时空的限制，也不受概念陈规的约束，借助想象、联想、幻想的虚构来进行具象思维，以创造新的形象为己任。逻辑思维可以减少形象思维的偏差，但逻辑思维绝不能成为形象思维的羁绊。在这个阶段，逻辑思维和形象思维同样包含了多种思维方式，如发散、聚集、联想、逆向、均衡等。

二、思维方式创新的训练

（一）想象训练

想象力是人类赖以创新的源泉，古希腊哲学家亚里士多德(Aristotle)说：想象力是发明、发现及其他创造活动的源泉。如果从人类的早期历史追溯，可以找到无数例子来说明，想象力如何促进了人类社会的发展，这种想象力的绚丽精彩也在早期设计的产品和艺术作品中流传下来。想象力是一种强大的创造力量，人类依托它从实际自然所提供的材料中，创造出了丰富多彩的第二自然。设计的发展，离不开设计师丰富的想象力和创造力。人类由于发明虎头钳而使大拇指强健有力；发明铁锤而使拳头和手臂的肌肉发达，这些身体的进化也都是想象力的恩赐，而设计让人们身体舒适的同时，也让人们变得更加懒惰。

丰富的想象力来源于饱满的创新激情，人类的心灵渴望它们。对于人生而言，缺乏想象力就缺乏了宏阔的视野，缺乏了对人生理想境界之美的追求，就有可能导致人生目标的过分现实化和功利性。想象力可以将人们带入一个虚拟的世界，实现现实生活中不可能实现的梦想。想象力使人们享受快乐，享受惊奇，享受自由，享受现实世界上从来都没有的感受。

科学到了最后阶段，便遇上了想象。爱因斯坦（Albert Einstein）则说："想象力比知识更重要，因为知识是有限的，而想象力概括世界上的一切，推动着进步，并且是知识进化的源泉。"

虽然产品设计思维以理性见长，但是想象力的作用保证设计具有一种符合人性的活力，不断推动设计向更高的层面发展。想象也总是和理解结合在一起，将想象在设计中合情合理地加以落实。

（二）想象表达

超现实就是一种想象，例如，将时间、地点和意图上彼此分离的形象偶然地放置在一起，从而产生一种新的离奇的意图。超现实主义作为一种绘画语言，体现了想象和联想的能力，营造出一个非现实的形象空间，表达出潜意识的知觉，形成视觉的诗学，并从这种场景中揭示出一种意义。

第二节　以思维为主的创造法

一、各种思维创造法

（一）模仿创造法

人的创造源于模仿。大自然是物质的世界、形状的天地。自然界把无穷的信息传递给了人们，启发了人们的智慧和才能。模仿创造法是指人们对自然界各种事物、过程、现象等进行模拟、类比而得到新成果的方法。

世上的事物千差万别，但并非杂乱无章。它们之间存在着不同的对应与类似，有的是本质的类似，有的是构造的类似，也有的仅仅是形态、表面的类似。有人说人为的造型活动是模仿自然法则的精华。

（二）趣味设计法

趣味是心理上产生的一种热情和欲望。在对自然现象进行观察的过程中，总会发现许多有趣的事，而这种趣味可以转化为一种心理上的能量，激发人们去创造，并从中得到心理上的满足和愉悦。从自然现象中发现有趣味的审美情结和艺术形象，通过设计把这种趣味传达出来。心理学的研究告诉我们：如果人们改变了正常的视觉习惯，心理上就会产生新奇感。把各种不相干的形象用各种不相干的手法结合在一起，形成有趣的设计形式，使人看后感到新奇、不可思议，引发人们的兴趣，引起心理上的震撼。从创造性思维的角度来说，各种类型的趣味都是言谈举止方面所表现出来的一种创意。也就是说，对于大家都知道或者都能猜到的事物，我们是不会发笑的。能够引我们发笑的，一定是出乎意料的新东西，因为它改变了我们的习惯性思维。把几种本来没有任何关系的思想或事物突然结合在一起，就产生了趣味。所以，趣味性能让一件很平常的作品或事物变得光彩照人、魅力无穷。

当然，更为仔细地审视产品并不仅仅是寻找与众不同的方式来展示产品。这同时也意味着，一定要深入问题的核心部分，从真正意义上了解消费者需要。创意思想想要告诉潜在消费者的就是，我们的产品可以做到价格更加低廉、规模更大、体积更为轻便、安全系数更高、质量等级更高、成效更好、味道更鲜美或者是我们能够实现其他改善，等等。

创意人员所要面对的挑战就是找到一种标新立异的方式来传递相同的信息。如果每次采用的方式都千篇一律，那么消费者很快就会失去兴趣。大品牌建立品牌声誉的诀窍就在于树立明确的品牌信息，同时不断地向潜在消费者传递这个信息。但是产品的设计如何找到别出心裁的方式呈现相同的品牌信息，这对于创意能力来说绝对是一个严峻的考验。

（三）功能分析法

功能分析法是以事物的功能要求为出发点广泛进行创新思维，从而产生新产品、新设计的方法。任何产品都是为了满足某种需要而产生的，而需要的根本是功能，抓住了功能就抓住了本质。

功能是因为需要而产生的。所以，在设计一款产品之前，要了解用户最需要什么，哪些需要是亟待解决的，而哪些需要是可有可无的。夏天去沙滩玩的时候，泳装和沙滩裤都不适合装钱包、钥匙，但是这些东西又必须得带上。怎么办呢？设计师根据人们的需求，为沙滩鞋开发了一个新的储物功能。将藏在鞋底的"抽屉"拉开，钥匙、卡片和零钱终于有个安全的地方存放了。

（四）坐标分析法

坐标分析法是将两组不同的事物分别写在一个直角坐标的 X 轴和 Y 轴上，然后通过联系将它们组合到一起。如果它是有意义并为人们所接受的，那么就会成为一件新产品。这一思考方法在新产品设计中应用更广，是一种极为有效的多向思考方法。比如，在设计一种新式钢笔时，以钢笔为坐标原点，然后画出几条与设计钢笔有关联的坐标线，在坐标线上加入具体内容（坐标线索点），最后将各坐标线上的各线索点相互结合，与钢笔进行强制联想，可以产生许多新设想。如将钢笔与历史结合，可以联想到设计一种带有历史图表或刻有历史名人字样的钢笔。将钢笔与圆珠笔结合，可设想开发一种不用抽墨水的钢笔或不同笔帽的钢笔。将"钢笔""温度计""笔杆"联系在一起，可以想到笔杆带温度计的钢笔等。比如，汽车具有说话的功能，就是会说话的汽车；锁具有说话功能的，就是会说话的锁。而如果汽车和太阳能结合在一起，就成了太阳能汽车，而这一组合是有可能实现的，但又存在一定的难度。

（五）移植法

移植法就是将某一领域里成功的科技原理、方法、发明、创造等应用到另外一个领域中去的创新技法。现代社会高速发展，不同领域的相互交叉、渗透是社会发展的必然趋势。如果运用得法就会产生突破性的成果。比如，把电视技术、光线技术移植到医疗行业，就产生了纤维胃镜、内窥镜等，既减少了病人的痛苦又提高了医疗水平，是一件一举多得的好发明。

（六）强制性创新思考法

1. 强制列举思考法

在创新思维中，强制列举法可以拓展人的思路，使信息膨胀并增值。所谓列举，就是将一个事物、想法或事物的各方面的思维活动一一列出。列举者先是对对象进行拆分，分成各种要素，要素可以是事物的组成、特性、优缺点，也可以是该事物所包括的各种形态。然后将已有的各个部分或细节用列表的方式展开，使之一目了然，通过对这些正常情况下不易想到的要求进行思维操作，可以产生许多独创性设想。

（1）强制列举的方式、步骤

将事物的组成部分，如元件、部件、机构、材料、特性等一一列举出来。列举的顺序一般为：组成强制列举—特性强制列举。组成强制列举是列举事物的组成要素及所用材料，试着以局部改进、替代等方式寻找思路。这种方式对已经发现事物缺点却苦于不知从何入手解决的人特别有用。

特性强制列举是对事物的特性进行分解和列举。特性列举的一般程序如下：感官特性（颜色、声音、气味）—外观特性（形状、大小、重量）—用途特性（运用领域、运用对象、用途）—使用者特性（使用者年龄层、职业、使用方式、使用频率）。通过特性的分解，可以逐一考虑所列的每一要素，试着寻找创新的思路，如将某种特性改成与之相近或相反的特性，或者在一种用途基础上增加新的用途，或者寻找新的使用者，扩大应用领域等。

（2）要素组合

独创必须是全新的东西，这是一种误解，许多独创性设想就其组成要素和性质而言并非都是全新的，如果以创新的角度看待旧事物，或将现有事物的要素进行重新编排组合，仍为创新。

要素组合方式就是以系统的观点看待事物，在将研究对象的组成要素和属性分解的基础上，以各种新方式探讨要素的新组成，从而实现整体创新。在要素列举阶段，利用这种方式应掌握的原则是：所选择的要素在功能上要相互独立，能代表一个独立类型；要素数量不宜太多；尽可能寻找重要的、起关键作用的要素。要素列举后，还要进一步多向思考，列出可能实现每一要素的所有手段和形式，它们也称要素载体。将故事中的可变要素提取出来，加入各种可能的载体，通过组合可以构思出成千上万个故事。

2.强制联想思考法

强制联想法就是运用联想的原理，强制使用两种或多种从表面看没有关系的信息，使之发生联系，产生新的信息，从而产生创新设想。在常规情况下，人们思考问题时容易受传统知识经验的束缚，常常提出一些大众化的想法，而强制联想法则是依靠强制性步骤迫使人们进行联想，从而将思路从熟悉的领域中引开，到陌生领域中寻找启示和答案。这一方法促使人克服思维定式，使有限的信息增值。

强制联想分为并列式和主次式两种类型。并列式强制联想一般是从一些产品样本、目录或专利文献中随意地挑选两个彼此无关的产品或想法，利用联想将它们强行联系在一起，从而产生一些新想法，或找到可以进行创新的某种突破口。这种方法尤其适用于需要不断创新的工作，譬如构思文章、设计和制作广告等。然而，这种强制联想往往缺乏某种内在的联系，所得到的设想中常会有毫无道理的"畸形想法"，因此，思考者还需要对所产生的设想不断地进行分析、鉴别，不断变换方式重新进行联想。

主次式强制联想是以需要解决的问题或要改进的事物为主成分，以随意自由地选定一个或多个刺激物为次成分，然后将主、次成分强行联系在一起，以次成分中的内容刺激和影响主成分，从而对主成分产生创新设想。以改进牙刷为例，将牙刷作为主成分，再随意地选定一两个刺激物，如选择杠铃和剃须刀。将杠铃与牙刷"强拉硬拽"在一起，利用联想可能会产生下列设想：杠铃两头的负重可以卸换，可否将牙刷头设计为可卸式，给牙刷配上备用刷头，有硬刷头、软刷头等。由杠铃会想到健身与比赛，可以开发对牙齿有保健作用的牙刷，也可以通过有奖竞赛等方式进行牙刷的市场促销。当然，以剃须刀为刺激物可以想到电动牙刷、便于旅行携带的牙刷等。

二、思维创造法在产品设计中的具体实施

（一）基于观察

发现问题是思维进行的基础，而要发现问题就需要通过观察，因此，也可以说观察是设计思维的第一步，通过观察提取出需要思维的问题，进而明确思维的方向。思维需要观察就好比枪手需要找准对象一样，一名技术再娴熟的枪手，如果不知道自己所要狙击的对象是谁，那么一切就无从谈起。发现问题、收集信息是观察的主要目的，但观察又不单单是发现问题和收集信息，其需要观察者具备一定的正确方法和知识经验，以真正"看"出

其中的"门道"。其实问题就来自细微生活的角落，问题就在我们身边。所以，观察要用心，而不是用眼。下面是总结的观察四要素：

第一，具有明确的目的。能透过现象看本质，从具体事物中抽象出与设计有关的信息。

第二，确定所要观察的对象。借助感官，从各种视角体验事物所带来的视觉感受，提供思考反馈。

第三，选择具有同类目的的事物并进行比较，以扩大观察的范围。

第四，由整体到局部，再由局部到整体，实现全方位的观察，以保证细节与目的的一致性。

（二）重在分析

"分析"意在将"整体"组成的成分按原理、材料、结构、工艺、技术、形式等不同角度来观察，分析出隐在背后的规律。通常我们只将"物"本身"分"开再归"类"，往往忽略了"物"之所以存在的"目的"，即"物"为何不被自然淘汰或被特定"人"在特定社会时代环境等条件下所接受。被"观察"的信息应强调其存在的"外部因素"，"分析"也必须将这些"外部因素"作为"分类的范畴"。

"分"不是目的，"分"是为了"析"出"物"与所存在"外部因素"之间的关系和"物"的"内部因素"之间的关系，以便掌握"物"的本质和不同"物"之间的"共性"，从而"析"出每一"物"的"个性"和其"个性"存在的依据。

所以，在这个意义下的"分析"既可使"观察"全面、细致，又使"观察"系统、深入，在"比较"中真正理解"物"的本质和存在规律。这不仅有利于"观察"，更对下一阶段的"归纳、联想"打下坚实的基础。分析主要包括如下要素：

第一，寻找"物"存在的外因限制——人、环境、时间、条件等的制约。

第二，析出"物"的内因与外因的逻辑"关系"——寻找现象的依据。

第三，比较相似"物"的内外因关系——透析共性基础上的个性。

（三）精于归纳

基于对事物的分析，了解问题的本质特征，掌握解决问题的要点，进而通过归纳以明确设计定位，在遵循实事求是原则的基础上借助设计定位制订出问题的解决方案。也就是说分析问题是解决问题的基础，归纳是解决问题的有效手段。

将具体而复杂的问题进行分类，以明确其中存在的本质联系，进而通过归纳以重新整合关系。

如果说分析的目的是由表及里、去粗取精，那么归纳则是为了去伪存真、得其环中。通过归纳，不仅可以进一步提高我们对问题的认识能力，也为产品的创新奠定了基础。具体来说，归纳包括以下要素：

1. 基于目的与外因限制的关系归纳出子目标，以为实现总目标奠定基础。

2. 正确理解和掌握总目标与子目标之间的结构关系，形成目标系统。

3. 充分发挥目标系统的作用，一方面目标是整个产品的设计定位，另一方面目标系统又作为判定产品是否具有创意的评价指标。

（四）善于联想

联想是存在于自然和人为自然关系的限制中，通过观察、分析、归纳以形成一个"超以象外，得其环中"的语境。因此，联想并不是漫无目的、不切实际的幻想，而是对外在的"物"进行的无限遐想，通过联想，人们可以发现不同的"物"之间存在着相同或相似的本质特征，通过联想人们能深刻地领会大自然的奇妙，体会"风马牛效应"的"莫名其妙"。联想的要素主要体现在：

第一，基于目标的定位搜寻具有相同目的的"其他物"。

第二，深入分析"其他物"的相关特征，主要包括原理、材料、工艺、结构及形态等。

第三，围绕设计定位和评价体系对"其他物"进行变通设计，进而实现产品的创新，完成系列扩散。

（五）意在创造

不论是观察、分析，还是归纳、联想，其都是以创新为核心，也就是说创新是所有环节的最终目标。通过观察和分析以掌握实现目的的外因限制，而归纳和联想则是明确设计定位、形成目标系统的过程，对于产品设计来说，设计定位是关键，其不仅影响着产品的选择、组织和整合，同时也决定了产品的内在因素，如原理、材料、结构及工艺等。

创造的过程是超越前人的过程，是基于前人的经验而实现"他山之石，可以攻玉"。同时，创造也是吸取大自然营养的过程，是基于自身的知识背景和经验而实现的突破和超越。创造的要素具体包括以下三点：

第一，基于目标系统，对所形成的创意进行不断评价。

第二，联想阶段形成的创意方案要依据评价系统进行不断完善和修改，通过调整"创造内因"以进一步完善目标系统。

第三，协调不同层次的内因与外部因素之间的关系，这里不同层次的内因主要包括：一是整体与细节之间的关系；二是细节与细节之间的关系；三是细节与整体之间的关系。

（六）勤于评价

通过对"物"的观察、分析、归纳、联想和创造，以形成客观、系统的评价，掌握"物"的外部因素限制对"物"本身的影响。"物竞天择，适者生存"是自然界的生存法则，但同时也说明了万物在生存和发展的过程中必须适应外部因素，其中，通过进化以改变内因是适应外部因素变化的一种主要形式。

此外，对于"人为事物"的创造也要遵循相同的原则。如果一件产品或一项发明要想占据市场，获得人们的认可，就必须从当地人们的需要出发，设计符合特定人群的创意产品，同时这种产品还要具备可制造、可流通的性能，在满足人民特定需求的基础上保持生态平衡，实现社会的可持续发展。

升华对"物"的认识，实现"本体论"和"认识论"的相互促进和统一是理解"物"与其他因素，包括自然、社会等之间关系的必然要求。此外，通过研究"物"存在的目的和外部因素，以形成正确的、符合自然规律的价值观，进而深化认知主体对系统的理解，观察、分析、归纳是形成科学思维的主要方式，而科学思维又是掌握事物的本质和系统关系的基础，只有全面了解事物的本质、掌握事物的特征，才能举一反三，这是认知主体进行联想和创造的前提。

传统观念认为，创新能力主要是想象力，也就是认知科学经常说的三方面——灵感、直觉与顿悟。这样的理解是片面的。我们更应该关注灵感、直觉与顿悟来临之前的观察、分析与理解，还应该关注这之后的整理、规划、判断与细节处理。无疑，想象力对于学生创造性思维的培养是至关重要的，其不仅是推动科学不断发展的动力，也是促进艺术不断前进的关键力量。而在学生的创造性思维活动中，观察力作为激发学生创造性思维的原始动力是教师进行教育的主要内容，教师要指导和鼓励学生参与观察，并通过探索实现想象和创新。此外，基于事理的评价系统将"方法论"和"本体论"有效地结合在一起，其不仅是认知主体进行观察、分析和归纳的前提，同时也为联想和创造提供了评价依据。"本体论"和"方法论"是相互统一、相互依存的整体，创造性思维作为一种思维方式为"事理学"提供了一种科学的探索事物的方法。

第三节 创造性思维的形式

一、创造性思维的基本概述

(一) 创造性思维的一般含义

思维指人脑概括客观事物的过程，它可以将客观世界很好地反映出来。人的大部分智力活动都是通过思维表现出来的，思维中包含了物理、化学、精神及生物现象。思维一般有两方面，一指理性认识；二指理性认识的过程。思维有再现性、逻辑性和创造性。它主要包括抽象思维与形象思维两大类。

创造性思维可以帮助人类开拓新的领域，带来全新的成果，这种思维活动有着明显的开创意义，它通常可以表现为构建新理论、提出新观念、创造新技术、设计新方案等。从广义的层面看，创造性思维的表现是提出了新的发现，有了新的发明，或是对某些既定结论有了全新的见解。以领导工作实践为例，当领导者具备创造性思维时，他就可以想得比别人远，做得比别人多，勇于冲破原有规则的限制，或是可以从全新的角度对同一个问题进行思考，从而获得他人无法获得的成就，到达他人无法到达的高度。

创造性思维指有创见的思维，也被称为"变革性思维"，它可以体现出事物的本质规律，这种思维活动是可以物化的。创造性思维是一种复杂的、高级的、具有独创性的思维活动，它既需要依靠智力因素，也需要依靠非智力因素，它是整个创造活动的实质和核心。但是，它绝不是神秘莫测和高不可攀的，其物质基础在于人的大脑。

创造性思维的结果表现为信息或知识实现增殖，它或者是在原有知识的基础上增加了新的知识，扩大了知识的总量；或者是用新的方法重新组合了知识，让知识具备了新的功能。

创造性思维的实质，表现为"选择""突破""重新建构"三者的关系与统一。所谓选择，就是找资料、调研、充分地思索，让各方面的问题都充分想到、表露，从中去粗取精、去伪存真，特别强调有意识的选择。所谓发明，实际上就是鉴别，简单来说，也就是选择。所以，选择是创造性思维得以展开的第一个要素，也是创造性思维各个环节上的制约因素。选题、选材、选方案等均属于此。

在创造性思维进程中，绝不去盲目选择，重点在于突破，在于创新。而问题的突破往往往表现为从"逻辑的中断到思想上的飞跃"。孕育出新观点、新理论、新方案，使问题豁然开朗。

选择、突破是重新建构的基础。因为创造性的新成果、新理论、新思想并不包括在现有的知识体系之中。所以，创造性思维最关键之点是善于进行重新建构，有效而及时地抓住新的本质，筑起新的思维支架。

总而言之，人们只有付出大量的脑力劳动才能获得创造性思维。要想获得创造性成果，就要经过不断钻研与探索，这就要求人们必须具备不屈不挠的精神。而创造性思维能力的提高也不是一蹴而就的，它不仅需要积累大量的知识，还要获得素质和智能上的提升。想象、推理、直觉及联想等也是创造性思维不可缺少的思维活动。因此，从主体活动的层面看，人们在进行创造性思维时不仅需要付出脑力劳动，还要运用自身具备的各种能力。

产品创新设计与创造性思维活动之间有着密切的联系，其实，设计从本质上看就是创造，设计思维从本质上看就是创造性思维。

（二）创造性思维的基础

1. 生理学基础

关于创造性思维活动的生理学基础的研究主要体现在以下两方面：

一是现代神经生理学家对大脑两半球认知功能及其协调共济机制的研究。现代神经生理学家在研究之后发现：大脑有左半球和右半球之分，左右半球之间依靠神经纤维连通。大脑的左右半球并不具备相同的思维功能。通常情况下，人们称大脑左半球为理性的脑，因为它主要负责人的运算思维、语言思维和逻辑思维；人们称大脑右半球为感性的脑，因为它主要负责人的直观思维和形象思维。

二是有学者表示，至今的智力开发，过分注重于大脑左半球，即以逻辑思维、闭合思维的智力开发为重点，而对创造性思维具有重要作用的大脑右半球的机能开发得很不够。要想开发一个人的创造力潜能，绝不能忽视右半球的想象力、直观思考等重要思维力量，而应尽可能使大脑两个半球的作用统一起来，使左边的语言脑与右边的形象脑的相互联系活跃起来，也就是使形象思维与语言思维、直观思考与逻辑思考、开放性思考与闭合性思考，以及共时的信息与历时的信息处理彼此协调统一起来。

近年来，许多科学家开始对人脑的独特贡献，即创造性思维过程产生浓厚的兴趣。但总体而言，科学家还没有发现天才人物与普通人在大脑生理结构方面的明显不同之处。不管最终的结论如何，对大脑进行创造性思维的生理活动机制的研究只是对大脑潜能的认识，是对创造性思维活动得以进行的可能性研究。要使这些潜能和可能性变为现实，主要取决于一个人与社会其他因素的互动作用。

2. 心理学前提

创造性思维活动的进行，不仅具有生理学的基础，还具有重要的心理学前提。创造性思维活动是人的心理活动过程，它既以知觉为其活动的前提和条件，又以意象和内觉等为其成果再现和实现的内在机制和必要中介。创造性思维的心理学本质根源于人的大脑感知能力的局限性和大脑识辨能力的不确定性和可拓展性。

知觉是创造性思维的前提条件，创造性思维呈现的基本要素是经验和图像，而知觉是获得这些要素的前提条件。

意象是创造性思维再现的基本机制，是产生和体验形象的过程。与依赖于外在感官的知觉相反，意象纯粹是一种内心活动。意象不仅可以再现不在场的事物，它还能使人们保持对不在场的人或事所拥有的感受和情感。比如，母亲的形象能唤起儿女对她的爱。意象可能成为外在对象的替代物，它实际上是一种内在的事物，即人脑的产物。意象不仅能帮助人更好地理解世界，而且还帮助人创造出一种外部世界的代用品。不管一个人靠意象和随后的认识过程觉察到或体验到了什么，它们都会成为这个觉察者或体察者内心世界的组成部分。

内觉是创造性思维呈现的心理中介。要把意象变成有益的创造产品还有赖于一系列心理中介，内觉就是其中之一。内觉是对过去经验、知觉、记忆和意象的一种原始性的组织。它虽然超越了意象阶段，但由于还不能再现出任何类似知觉的形象，因此，不易被认识到，不能转化为语词的表达而停留在前语词的水平。

与意象相比较，内觉在认识上已经得到相当的拓展，但这种拓展仍然是以主观上不能觉察为代价的。内觉只有在被转化为其他的表现形式时才能传达给别人，如转化为语词、音乐、图画等。没有这种转化，对内觉的认知或许是不可能的事。

（三）创造性思维的特征

1. 科学性

产品设计思维的科学性表现为一种理性，一种对于从设计到物化为产品过程的客观规律的尊重。任何艺术作品的设计都源于生活，离不开对客观规律的运用与探索。

2. 形象性

线条和色彩的情绪都是人类赋予的，它们本身不会产生任何情绪，柔和的细线、坚实的粗线、热情奔放的亮色、晦涩忧郁的暗色，不同的线条和颜色被人们赋予了不同的情绪。每个人对美和丑的评判标准都是不同的，这是形象思维在发挥作用。一个成功的设计者一定会具备良好的形象思维能力，因为他们要依靠形象思维设计出具有美感的作品。

3. 丰富性

设计可以从多种渠道获得创意灵感，其思维以丰富的理念为特征。抓住生活中比较细微且关键的方面作为设计的出发点，用一种比较简单随意、易操作易理解的表达方式来表现设计创意，使生活更加简单化和情趣化。

4. 独创性

创造性思维的重点在于创新，它要具备首创性和开拓性，无论是在思路还是思维上都要做到"前无古人"。要想成为一名称职的领导人，就要勇于探索前人没有探索过的领域，并在这片领域中做出一番成绩，就要在前人裹足不前的路上再踏出一步，争取取得最后的胜利。一个真正具备创造性思维的人必须对创新充满兴趣，善于用非常规思维思考问题，可以从全新的角度认识已经平稳有序发展的事物，这样才能不断地突破和发现，实现创新。

5. 灵活性

创造性思维没有固定的程序、方法、途径和方式，也没有可以遵循的规律。人们在进行创造性思维活动时，不仅会快速地转换思路，还会迅速地更换意境，尝试从不同的角度解决问题，这时创造性思维活动就会展现出各种各样的方法和技巧，继而带来不同的结果。创造性思维是具备灵活性的，具体表现为人们可以在不打破原则的基础上进行自由的选择。通常情况下，只有灵活地运用原则才能体现出它的有效性，不然原则就退化成了无意义的教条。

6. 艺术性

创造性思维活动具备灵活性和开放性的特征，它会与想象和直觉一同发生。从特征上看，创造性思维活动与艺术活动有很多异曲同工之处，艺术活动需要人们充分利用自身的想象和直觉，并最大限度地发挥自身的才能。人们可以模仿艺术活动的过程和表象，例如，人们可以临摹《向日葵》这幅来自凡·高（Vincent Willem van Gogh）的名画，但却无法模仿出这幅画内在的东西，因为这是属于凡·高个人的，他人是永远无法仿造的。同样地，无法模仿的还有创造性领导活动的精髓，因为能够被模仿出的只是具体的实施过程，并不是其中的思想。

7. 潜在性

创造性思维活动要立足实际的活动和客体，但这里的客体指的是没有被发现的、潜在的客体，人们要依靠想象猜测它的情况；或是人们对该客体已经有了一定的认识，但认识得并不全面，还可以逐步加深对该客体的认识，这两类客体都具备潜在性特征。

8. 风险性

创造性思维活动的目的在于探索未知，因此，很多因素如认知能力、实践的水平和条件、事物发展的程度和规律等都会给其带来影响和限制，这就意味着创造性思维无法次次都能成功，也许有时还会得出无效或错误的结论。创造性思维活动还存在一定的风险性，因为它会对传统势力产生冲击。传统势力为了维护自身地位往往会带着抵触或仇视的心理看待创造性思维活动。这就会给创造性思维活动带来风险。此外，创造性思维在方向上具有多向性、求异性，在进程上具有突发性、跨越性，在效果上具有整体性、综合性，在结构上具有广阔性、灵便性，在表达上具有新颖性、流畅性等。掌握创造性思维的特点有利于创造力的发挥，更好地进行产品创新设计。

（四）创造性思维的作用

1. 创造性思维可以增加人类知识的总量，推进人类认识世界的水平

由于创造性思维具备潜在性的特征，所以它会积极地探索未知，将人们未知的东西逐渐变成已知，从而增加人们的认知范围，科学上每一次的发现和创造，都增加着人类的知识总量，并极大地推动了人类的进步与发展。

2. 创造性思维可以不断地提高人类的认识能力

从创造性思维具备的特征可以看出，创造性思维活动的内在精髓可以被超越，但却不能被模仿。这种内在精髓指的就是创造性思维能力。人们要想不断提高自身的创造性思维能力，就要具备良好的观察能力，就要深入了解历史和现状，就要不断积累知识，让人生的经历更加丰富。人们在探索未知世界的过程中需要采用全新的思维方式，从全新的角度思考问题，在这个过程中人们的创造性思维能力就会得到锻炼，这不仅会提高人们发现、分析和解决问题的能力，还会在很大程度上提高人们对未知事物的认识能力，由此可见，创造性思维对提高人们的认识能力发挥着重要作用。

3. 创造性思维可以为实践开辟新的局面

独创性和风险性也是创造性思维具备的特征，这两个特征使其充满了探索和创新的精神，因此，人们勇于突破现状，敢于在现有知识的基础上探索那些还未被发现的知识，若没有创造性的思维，人类躺在已有的知识和经验上坐享其成，那么，人类的实践活动只能停留在原有的水平上，实践活动的领域也非常狭小。

创造性思维是将来人类的主要活动方式和内容。历史上曾经发生过的工业革命没有完全把人从体力劳动中解放出来，而目前世界范围内的新技术革命，不仅让生产发生了巨大的变革，还实现了全面的自动化，让人从体力劳动逐渐转变为脑力劳动。随着人工智能

技术的快速发展，人工智能可以代替人完成那些有规律的、简单的思维活动，于是人可以把放在简单脑力劳动上的精力投入更有创造性的思维活动中，把人类的文明推向一个新的高度。

二、创造性思维的主要形式

（一）反向思维

反向思维是创新思维的主要形式。人类认识事物的方式之一就是二元论的认知，黑白、阴阳、正负、左右都是对立统一的认识，表现出人类思维中归于宇宙规律的朴素认知。在解决问题的思维过程中，常常在一个方向上遇到困难的时候，有必要从相反的角度去考虑问题，反而可能发现新创意，通常人们把这种思维方式表述为逆反思维或者反向思维。逆反思维是求异的一种简单方式。

纵观艺术与设计历史，流派的产生往往也是对传统进行反叛的结果，就像波普艺术对抽象表现艺术的逆反，后现代主义对现代主义的逆反，风格与流派发生的转换，就是一个个思维向相反方向寻找出路所致。

一般的人都习惯于正向的思维，而逆向的思维则显示出生动有趣的特点，也发人深思，可以说是对常规思维的挑战。从通常解决问题方式的反面入手，寻求问题的解决，提供了设计的另一条思路，也就避开了不能够解决或者难以解决的问题。这不是回避问题，而是将问题进行化解和消弭。创新是对常识的逆反，但也可能来自常识。但是，创意最大的敌人是偏见和习惯。对于创造而言，生活和艺术之间没有藩篱，方法和规范之间没有界限，艺术与设计之间没有鸿沟。而观念上的逆反思维，则揭示出另一面的意义所在，人们生活在一个多元而非一元的世界，事物常常呈现二元的性质，中国有许多成语也揭示了事物发展和相互转化的这种规律，例如，喜极而泣、福兮祸所伏等。太极则是这种宇宙二元阴阳对立统一又和谐并存的最好图形设计。

（二）发散思维

创新思维的另一种形式是发散思维。发散思维是创造性思维的主要方式，相比于逆反思维的相反方向，发散思维是从问题的中心点向各个方向延伸，从不同的角度和侧面对中心问题进行思考，来寻求最佳的设计方案。发散的思维方式有这样一个命题：有个装满水的杯子，请你在不倾斜杯子或不打破杯子的情况下，设法取出杯中全部的水。而答案是非常多的，绝大多数方法都是加入任何可利用的东西，来取出杯子里面的水。例如，冰冻然后取出，利用海绵吸水取出。实际上有些问题并非只有一个答案，富于创造性思维的人可以从各种角度去考虑问题，扩散开来，而富于创见地提出自己的答案。发散思维也包含了顺向思维，即沿着所习惯的思维方式和思考路径不断延伸。这种延伸逐渐发展出一种不止于设计的产品，并且延伸到需要创造一种产品体验的语境，在这种语境中，来创造一种使用的美学。完整的语境有利于人们在使用设计物品时明晰有效地进行正确理解和有效选择。这种顺向尊重了消费者和使用者的心理惯性，而不是脱离这样惯性的轨迹，因此，有设计师在市场中体会到，创新的行为无论多么合理，都需要把握变化的尺度，不至于让设计脱离现实，从而在创新的吸引力和熟悉的安全感之间找到平衡。发散思维在形式上可以是组合的，也可以是辐射的。可以根据因果关系进行发散，还可以根据事物特性进行发散，与发散思维相反的则是收敛思维，围绕中心问题收缩，排除干扰性的非本质问题，在判断各种信息，考虑各种相关因素的基础上将问题集中在最本质的核心上，提出设计的解决方案。这种思维的优势之处在于迅速找到问题的中心点，直接快捷地产生符合逻辑的设计构想。与发散思维的感性理性交织相对应，收敛思维呈现出更多的理性和逻辑思维特征。

（三）跳跃思维

创新思维还有一个重要形式——跳跃思维。跳跃性思维更具有创新的可能性，因为跳跃性思维不依据思维的惯性思考，而是力图突破习惯性的思维方法，进行富于联想的跳跃式思考。它不遵循思维明确的线性路径，而是相隔的、穿插的、变动的，从以往各式各样的模式和规范羁绊下解放出来，依据灵活的思维联想，捕捉生动的感觉和转瞬即逝的灵感，而既定的规范并不具有思维的约束力。跳跃性思维是灵感的基础，善于发现被简单和熟悉所遮掩起来的事物，并加以生动表达。

（四）解构重组

一般而言，思维是因，方法是果。但是设计的方法反过来也可以影响思维的方式。从已有的事物因果关系，反过来由"果"去发现新的"因"，去发现设计的可能性。

戏拟、拼贴、改写、混杂、挪用等设计手法均来源于一种解构的思维模式，是对既定秩序的戏弄和颠覆，也贯穿于后现代的艺术思维中。在设计中则是反中心、反固定化、元素的碎片化、即兴、错位模糊。

混搭主义的设计手法自由随意，常常混淆了时尚与经典、嘻哈与庄重的界限，模糊了奢靡与质朴、烦琐与简洁之间的区隔，自由的搭配混合了不同时空、文化、风格、阶层的元素，极大地彰显了个人化的风格。从时装界引发的这种"混乱美学"，作为一种设计思潮，迅速蔓延到与时尚有关的饰品设计领域，进而作为一种个性表达出现在形象设计方面。

而作为生活方式和美学标志又影响了其他设计方式。作为一种文化立场和意识形态表现出来的混搭主义则与上述解构主义的挪用、拼贴、混杂、组合、反讽等手法不谋而合。

有的设计师喜欢将"错误的"东西混合到一起的感觉。通过改变物品的概念，从而改变它们自身所要传达的信息，以及它们原本的用途和目的。毫不相关的各种元素可以融合在一起，而功能合一的设计则是将类似的功能合成一个产品。

同样，良好的设计会考虑到产品语义的操作提示性，把自然的匹配作为思维的基础，并且，明晰地利用反馈使产品和使用者之间形成互动关系，在人与物之间建立完整的语境关系。不论形式如何复杂多变，要充分尊重人们的接受限度。切记不要过分追求形式创新，使人们对新设计敬而远之。

总之，创造性思维品质表现在对问题的敏感性、发现问题的流畅性、变通问题的灵活性、解决问题的独创性、落实设计的精致性等方面。人类的需求总是千奇百怪，这也要求思维必须洞见这种人类心理的变化。

第七章　产品设计思维的方法与训练

第一节　产品创意思维的方法

灵感，在传统的观点看来，可遇而不可求。但是对于设计师来说，创意是每天的工作，是强制性的劳作，是好作品的生命线，是客户满意的必杀技。而灵感又是创意的源泉，如何保证每个项目的创意，如何获得源源不断的灵感，本章提供给你各种创意思维的训练方法，以帮助你获得发现、捕捉灵感的能力。

一、当今主流的创意思维方法

（一）黑箱法

所谓黑箱法就是不揭示事物（系统）内部的结构和机制，只从事物（系统）的外部去认识事物的一种科学研究方法。这种方法的特征是略去客体内部结构，只从输入与输出关系上，即输入某种因子会引起客体的某种行为而输出某种结果，来考察客体的功能和特性。这种方法与近代科学常用的将整体解剖开来解析内部、以说明外部行为的传统方法相反，是一种不破坏客体的整体性而研究整体行为的科学方法。

（二）白箱法

白箱法是与黑箱法相对立的，就是打开箱子直接观察内部结构来说明箱子的特性功能。白箱法是在输出和输入之间的研究方法，是如同一个透明的玻璃盒子一样明确处理设计问题的思维方法。

白箱法具有如下特征：

第一，设计的目的、变数以及设计的价值基准等应在设计前明确地进行决定。

第二，在进入综合阶段前已完成分析阶段的内容。

第三，评价阶段要用逻辑性语言进行。

第四，在设计最初阶段应决定设计战略，并以此战略为基点，而进入设计的自动控制环节。

将设计对象想象成一个箱体，那么一切设计活动都是围绕这个箱体而展开的。当对这个箱体无法了解其内部时，构思和创造是根据输入输出过程中对设计问题的分析、推断、组合来寻求解决方法的。当我们能够打开这个箱体时，黑箱就变成白箱了。

（三）策略控制法

策略控制法是在确保设计目的性的前提下，依据一定的控制条件，使设计系统达到或趋近被选择状态。它包括利用控制法原理对反馈信息的研究和动态分析技术的应用等内容。在设计方法中，有发散法、变换法、收敛法这三种控制方法，以实现对设计的评价。

1. 发散法

发散法是运用发散思维来进行设计的方法。从不同角度、不同途径全面展开设计内容，比如说，从设计对象的用途、结构、功能、形态和相互联系等方面，通过大量的文献调查、实地考察、访问以及团体的智慧组合等形式，突破习惯性思维的局限，从而取得创造性设想。

2. 变换法

变换法是设计师进行创造性构思的方法，注重设计师的主观创造能力。在设计过程中，提出具有创造性的初步构思方案，制定解决问题的方法，画出设计原理图及草图等过程，是变换法的主要内容。

变换法的一般表示方法包括四方面：

（1）思考的表示

心像的变换（运用创造性的意念，如灵感思维来拓展设计构想的方法）。

（2）语言的表达

语言的变换（运用口头或文字等语言将构想分类而拓展设计构想的方法）。

（3）数字的表示

数学变换（追求设想的数量而拓展构想的方法）。

（4）绘画的表示

视觉的变换（运用草图将抽象思维转换为形象思维来拓展设计构想的方法）。

3. 收敛法

收敛法是集中各种已有的知识和经验解决一个问题，这就像是凸透镜的聚焦作用，它可以在一点上集中各个方向的光线，从而达到燃烧的目的。若发散思维是"从一到多"的过程，则收敛思维就是"从多到一"的过程。当然，收敛法在使用过程中也会借鉴其他思维的优点。收敛思维的另一种情况是先进行发散思维，越充分越好，在发散思维的基础上再进行集中，从若干种方案中选出一种最佳方案，同时注意将其他方案中的优点补充进来，加以完善，围绕这个最佳方案进行创造，效果自然会好。

设计方法解决了设计师的个人思考和主观创造意识与客观的情报分析、逻辑性判断评价之间的结合协调问题，将主观能力与逻辑性思考融为一体，并以此为基础，产生创造性的设计方案。

除了以上主要介绍的三种流派以外，还有参与设计法、技术预测法、优化设计法、模拟设计法、可靠性设计法、动态设计法等多种方法，形成不同内容的流派体系。对于具体的设计活动来说，有时需要多种方法交叉使用，而且随着设计的发展，必将产生更多、更新的设计方法与之相适应。

二、团体创造法

（一）头脑激励法

头脑风暴法，是利用集体的思考，使思想互相激荡，发生连锁反应以引导出创造性思考的方法。常用在决策的早期阶段，以解决组织中的新问题或重大问题。头脑风暴法一般只产生方案，而不进行决策。它虽然主要以团体方式进行，但也可用于个人思考问题和探索解决方法时刺激思考，其定义是一群人在短暂的时间内，获取大量构想的方法。基本思想是以集体的方式激发创意。因为互相激励，可以创造出更多的创意来。给予无批评的自由环境，发挥最高度的创造力。

方式是提出任何想到的创意，然后评价，其可以分为"立即可用""修改可用""缺乏实用性"三种分类评价。

总之，在无拘无束的气氛下，大家踊跃提出创意。评价时依据目的及实现的可能性等，加以严格查核。这样分别进行创意及评价的完全不同的思考过程，就是头脑风暴的特征。

1.头脑风暴法的激发机理

（1）联想反应

联想可以推动新观念的诞生。当一个问题需要集体讨论时，任何一个新观念的提出都会让他人产生联想，在这种连锁反应下，一个又一个的新观念不断被提出，这就为解决问题提供了更多的思路。

（2）热情感染

当集体讨论问题没有任何限制时，人们的热情就会得到空前的高涨。人人畅所欲言，相互感染和影响，不再被传统的观念所限制，从而将自身的创造性思维能力充分展现出来。

（3）竞争意识

人们会在竞争意识的驱使下争相发言，充分发散思维，力求输出最独到的见解和观点。从心理学的研究中可以发现，争强好胜是人类的天性，人的心理活动效率会随着竞争意识的提高而不断增加。

（4）个人欲望

在集体讨论问题时，最不应受到控制和干扰的就是个人的欲望自由。在使用头脑风暴法时需要遵循这样一个原则，即对于仓促的发言，任何人都不能批评，或是做出怀疑的动作和表情，这样才能提高每个人发言的积极性，从而得到更多新的观念。

2.头脑风暴的法则

第一，自由畅想，鼓励新奇。要敞开思想，不受传统逻辑和任何其他思想框框的束缚，使思想保持自由驰骋的状态；还要尽力求新、求奇、求异，充分发挥联想和想象力，从广阔的思维空间寻求新颖的解决问题方案。

第二，禁止批判，延迟判断。这是为克服"评判"对创造性思维的抑制作用，保证自由思考和良好的激励气氛。一个新设想看起来好像很荒诞，但它有可能是另一个好设想的"垫脚石"。贯彻这一原则，既要防止出现那些束缚人思考的扼杀句，如"这不可能""这根本行不通""真是异想天开"等，也要禁止赞扬溢美之词的出现，如"挺好""不错"等，它们都会不同程度地起到扼杀设想的作用。

第三，谋求数量，以量求质。在有限的时间里，所提设想的数量越多越好。因为，越是增加设想的数量，就越有可能获得有价值的创造性设想。通常，最初的设想往往不是最佳的，而一批设想的后半部分的价值要比前半部分高78%。此外，在追求数量，并且活跃、积极的氛围中，与会者为了尽可能地提出新设想，也就不会去做严格的自我评价了。

第四，互相启发，综合改善。创造在于综合。尽量在别人所提设想的基础上加以改进发展，然后提出新设想，或者提出综合改善的思路。因为创造往往就在于综合，在于头脑中已有思想之间、已有设想和新获得的外来信息及设想之间形成新的组合，产生新的思路。此外，会上提出的设想大都未经深思熟虑，很不完善，必须加工整理，并对其综合改善，从而收到事半功倍的效果。

在实际应用中，这四条原则非常重要，特别是前两条，它们可以保证产生足够数量的创意，只有与会人员严格遵守原则，不做批判，会议才能成为名副其实的头脑风暴会议。

3. 头脑风暴法的要求

（1）组织形式

通常情况下，应组织不同专业和岗位的人参与头脑风暴会议，会议以 5 ~ 10 人为宜。会议时间不要超过一小时，除了要安排一名主持人主持会议，还要安排两名记录员记录会议上的每一个想法。

（2）会议类型

设想开发型：该会议旨在得到不同的设想，用不同的思路解决问题。因此，参与者不仅要有良好的语言表达能力，还要有良好的想象能力。设想论证型：该会议旨在将不同的设想转化为实际可行的方案。因此，参与者要具备良好的分析、判断和归纳能力。

（3）会前准备工作

会议要明确主题。要让与会人员提前知晓会议主题，这样他们才能有所准备；选择一名主持人，主持人不仅要了解该技法的操作流程，还要了解会议主题的发展趋势；参与者要经过相应的训练，知道该会议要遵循的原则。在会前可对参与者进行一定的柔化训练，即让参与者转变以往的思维角度，尝试使用全新的思维方式进行思考，不再被紧张的工作所束缚，用高涨的热情激励设想活动。

（4）会议原则

为了使参与会议的人员可以畅所欲言，并且在互相交流的过程中得到激励和启发，需要遵守以下原则：

第一，既不要自我谦虚，也不要对别人提出的想法进行批判。虽然自己不同意别人的想法，但是也不能对其进行评论和驳斥。同时也不允许进行自我批判，要在心理上调动参与会议人员的积极性，以防出现"自我扼杀语句"和"扼杀性语句"。在会议过程中禁止出现批判性的语句，例如："我有一个不一定行得通的想法""这不符合某某定律""这根本行不通""你这想法太陈旧了""这是不可能的"以及"我提一个不成熟的看法"。由此得出，参与会议的人员只有在这种情况下才能放松心情，集中注意力，从而拓展自己的思路。

第二，目标集中，对提出设想的数量没有限制，越多越好。在会议过程中采取智力激励法，让大家提出不同的设想，这样做的目的就是获取大家提出设想的数量。

第三，激励的关键就是在鼓励的过程中改变他人的设想。每个参加会议的人员都是在相互鼓励的过程中得到启发和激励。

第四，参与会议的人员都是平等的，所以，每个人的设想都要记录下来。参与会议的人员主要包括该领域的专家、员工、该领域的学者及外行等，其都处于平等的状态；对于与会人员提出的设想，无论是否合乎逻辑都要对其进行记录。

第五，提倡独立思考，不要交头接耳影响他人的思维逻辑。在会议过程中，参与者可以畅所欲言，充分发挥自己的想象力，提出越来越多的设想。

第六，优先考虑小组的整体利益，不计较个人的成绩，注意和理解别人的贡献，营造一个自由平等的环境氛围，从而激发个人新观点的产生。

（5）会议实施步骤

在会议开始前，需要选定主持者、参与者以及课题任务。在提出设想的过程中，主持者首先介绍会议的主题以及相关情况，而参与者在此基础上提出设想。设想的整理和分类主要包括幻想型和实用型两类，实用型主要适用于可以实现的技术工艺，而幻想型主要适用于不能实现的技术工艺。完善实用型设想就是在实用型设想的基础上，对其进行二次开发，从而扩大设想的实现范围。幻想型设想再开发就是在幻想型设想的基础上，通过脑力激荡对其进行开发，这个过程有可能将创意的萌芽转化为实用型设想。这不仅是脑力激荡法的关键步骤，还是其质量高低的明显标志。

（6）主持人技巧

主持人应懂得各种创造思维和技法，会前要向与会者重申会议应严守的原则和纪律，善于激发成员思考，使场面轻松活跃而又不失脑力激荡的规则。可轮流发言，每轮每人简明扼要地说清楚创意设想一个，避免形成辩论会和发言不均；要以赏识激励的词句语气和微笑点头的行为语言，鼓励与会者多说出设想，如说"对，就是这样！""太棒了！""好主意！这一点对开阔思路很有好处！"等。禁止使用下面的话语："这点别人已说过了！""实际情况会怎样呢？""请解释一下你的意思。""就这一点有用。""我不赞赏那种观点。"等。经常强调设想的数量，比如，平均3分钟内要发表10个设想；遇到人人皆才穷计短出现暂时停滞时，可以采取一些措施，如休息几分钟，自选休息方法，散步、唱歌、喝水等，再进行几轮脑力激荡，或发给每人一张与问题无关的图画，要求讲出从图画中所获得的灵感。根据课题和实际情况的需要，不断地引导大家进行头脑风暴。如果课题是关于某产品的进一步开发，第一次头脑风暴的问题就是如何改进产品的配方，第二次头脑风暴的问题就是如何降低成本，第三次头脑风暴的问题则是如何扩大销售。例如，在讨论某一问题的解决方案时，不断地引导大家掀起"设想开发"的激波，及时抓住转折点，适当地引导大家进入"设想论证"的激波。要准确把握好会议进行的时间，当会议进行一小时左右时，所形成的设想不低于100种，但是好的设想往往出现在会议快要结束的时候，因此，我们可以根据实际情况延长原有的预定时间，可能有人在这个时候会提出好的设想。如果在一分钟之内大家没有提出新的观点和设想，那么头脑风暴会议就可以宣布结束了。

4.头脑风暴法中的专家小组

为了营造良好的创造性思维环境，首先要确定专家会议的人数及会议的时间。从之前的经验来看，专家小组的人数最好在 10 ~ 15 人之间，会议时间基本为 20 ~ 60 分钟。对于专家的人选要遵循以下三个原则，才能让参与者将注意力都集中到所涉及的问题上。

如果参加者彼此之间认识，则需要选取同一职位（职称或级别）的人员，因为领导人员要是参与到其中，会对参与者造成一定的压力。

如果参加者彼此之间不认识，就可以选择不同职位（职称或级别）的人员，在参与的过程中，不要宣布参加者的职称和级别，因为大家都处于平等的状态。

参加者的专业应力求与所论及的决策问题相一致，并不是专家组成员的必要条件。然而，专家的选择要与预测的目标相一致，而且需要一些知识渊博、经验丰富并对问题有较深刻的理解、具有较强分析与推断能力的专家参加。头脑风暴法专家小组主要由以下人员组成：分析者——专业领域的高级专家；方法论学者——专家会议的主持者；设想产生者——专业领域的专家；演绎者——具有较高逻辑思维能力的专家。头脑风暴法的参加者应该具备较高的联想思维能力。在进行"头脑风暴"时，为了让参与者的注意力保持高度集中，则应该针对不同的问题选择不同的环境。有时别人提出的设想有可能是其他准备发言的人已经思考过的设想。一些有价值的设想，往往是在头脑风暴的过程中产生出来的。总之，头脑风暴法的最终结果不仅是专家成员集体创造的成果，还是专家组这个宏观智能结构互相感染的总体效应。

5.头脑风暴法中的主持人

对于头脑风暴法的主持者来说，其首先应该熟悉和了解头脑风暴法的处理方法以及处理程序。因此，头脑风暴法的主持者在发言的过程中可以为参与者营造一个良好的环境，促使参加者积极回答会议提出的问题。在"头脑风暴"开始时，主持者首先采取询问的方法对参加者提出问题，为其营造一个自由交换意见的氛围，促使参与者积极地进行发言。主持者需要在会议开始的时候调动参与者的积极性，当参与者全身心投入会议时，就会产生许多新的设想，这时，主持者只需要根据"头脑风暴"的原则对其进行引导，并指出发言量越大，意见越多，出现有价值设想的概率就越大。

6.头脑风暴法质疑阶段

在决策过程中，要对头脑风暴法提出的设想以及系统化方案进行完善和质疑，这是头脑风暴法中对方案是否可行设立的一个专门程序。在这个程序中，第一阶段就是要参加者质疑所有的设想，并对其进行评论。评论的重点放在哪些因素阻碍了设想的实现。在质疑过程中，也有可能出现新的设想。这些新的设想主要包括排除限制因素、存在的限制因素以及已提出的设想无法实现的原因和建议。其结构通常是："×× 设想是不可行的， 因为……如要使其可行，必须……"。

第二阶段，通过编制评论意见一览表以及可行设想一览表，清楚地了解每一个组或者每一个设想。头脑风暴法质疑阶段所遵守的原则和头脑风暴法一样，不要对已有的设想提出肯定的意见，而是鼓励提出新的设想。对头脑风暴法质疑的过程中，主持者应该先介绍所讨论问题的内容，然后介绍各种系统的方案和设想，这样可以让参与者将注意力放在所讨论的问题上并对其进行全面评价。质疑过程一直进行到没有问题提出为止。对质疑过程中提出的可行设想以及评价意见，应该对其进行专门记录或者录在磁带上。

第三阶段，对质疑过程中提出的可行设想以及评价意见进行估价，以便于编制可行设想一览表。评价意见的估价和所讨论设想质疑有着相同的地位。在质疑过程中，主要研究的就是哪些因素影响了设想的实现，而这些因素在设想产生阶段也有着重要的地位。

最后，分析组负责分析和处理质疑结果。分析组要吸收一些有权对设想实施做出决定的专家，如果要在很短时间内做出重大决策，吸收这些专家尤为重要。

头脑风暴法在实施过程中耗费的成本也是很高的，除此之外，其还要求参与者具有良好的素质。这些因素是否能够满足会在一定程度上影响头脑风暴法实施的效果。

7. 头脑风暴法的应用

（1）头脑风暴法应用的主要问题类型

头脑风暴法适用于开放性问题。问题的类型可以包括如下几种：

①关于产品和市场的创意：新的消费观念、未来市场方案的观念。

②管理问题：拓展业务面、改善职业结构。

③规划问题：对可能增加的困难性的预期。

④新技术的商业化：开发一项可以获得专利权的新技术。

⑤改善流程：对生产流程进行价值分析。

⑥故障检修：追寻不可预期的机器故障的潜在原因。

（2）头脑风暴法适用的范围

头脑风暴法是用来产生各种各样的创意和设想的，可以是问题、目标、方法、解答和标准等，但并不只限于寻求解答。要使头脑风暴法发挥最大功效，要清楚它的适用范围。即头脑风暴法要解决的问题必须是开放性的。凡是各种认知型、单纯技艺型、汇总型、评价性的问题，均不需要用头脑风暴法来解决。只有转化角度、改变问题，才可以使用头脑风暴法。如：

①列举陈述同一问题的目标或实现目标的方法。

②列举与同一问题或目标有关的问题。

③列举可能发生的问题。

④列举解决某一问题的方法。

⑤列举应用某一原理、原则的主意。

⑥列举评价某一物品的标准。

（二）德尔菲法

德尔菲法（Delphi Method）又称专家调查法，是根据经过调查得到的情况，凭借专家的知识和经验，直接或经过简单的推算，对研究对象进行综合分析研究，寻求其特性和发展规律，并进行预测的一种方法。

1. 德尔菲法的预测过程

德尔菲法的本质是利用专家的知识、经验、智慧等无法量化的、带有很大模糊性的信息，通过通信的方式进行信息交换，逐步取得较一致的意见，达到预测的目的。在一般情况下，德尔菲法的实施需要以一些组织工作为基础。首先应有一个管理小组，人数从两人至十几人，随工作量大小而定。管理小组应该对德尔菲法的实质和过程有正确的理解，了解专家的情况，具备必要的专业知识和统计学、数据处理等方面的方法。管理小组对利用德尔菲法进行预测的工作过程有了一个大致设计以后，选出一份专家名单。通常，管理小组掌握着可供选择的专家名单，从中选择参加预测的专家，称为应答小组，人数由十几人到一两百人不等。专家的情况各不相同，有专业、水平、年龄、职务、性格、社会背景等诸方面的差别，这些都会影响他们对某一问题的认识，影响他们的回答，影响预测的结果。所以，应仔细研究选择应答小组名单，使这个小组的结构足以对研究的问题有全面的考虑，不致遗漏重要的信息。为此，名单中要有有关课题的各专业的专家，也要有其他专业的专家。最好安排几个善于进行跨学科思考的人，或者喜欢争论、喜欢提出问题的人。拟邀请的专家应事先征得同意，否则回收率太低，甚至不到50%。在第一轮征询表中，给出一张空白的预测问题表，让专家填写应该预测的一些技术问题，应答者自由发挥，这样可以排除先入之见，但是这样又常常过于分散，难以归纳。所以，经常由管理小组预先拟定一个预测事件的一览表，直接让专家评价，同时允许他们对此表进行补充和修改。与预测课题有关的大量技术政策和经济条件，不可能被所有应答者掌握，管理小组应尽可能把这方面的背景材料提供给专家。尤其在第一轮中，这方面信息力求详尽，同时也可以要求专家对不够完善、准确的过去数据提出补充和评价。在征询表上，最常见的问题是要求专家对某项技术实现的日期进行预言，在一般情况下专家回答的日期是与实现可能性正好相当的日期。在某些情况下，常要求专家提供三个概率不同的日期，即不大可能实现——成功概率 10%；实现可能性相等——成功概率 50%；基本上已能实现——成功概率 90%。当然也可选各类日期的均值作为预测结果。

2. 德尔菲法的用途

德尔菲法主要适用于以下两种课题：①既可以对缺乏原始数据的技术和军事领域进行预测，还可以对受众多因素影响才能做出评价的技术和军事领域进行预测；②通过政策的帮助以及人为的努力推动社会的进步与发展，而不是该领域本身的预测。

德尔菲法是主观定性的方法，其既可以应用在预测领域，还可以应用于各种评价指标体系的建立和具体指标的确定过程。

当我们要投资某个项目时，需要对其市场吸引力进行调研并得出结论。影响市场吸引力的因素主要包括市场增长率、历史毛利率、对技术的要求、对能源的要求、对环境的影响、竞争强度以及市场的整体规模等。德尔菲法可以帮助管理人员确定每个因素在市场吸引力中所占的比重。

总的来说，德尔菲法主要包括以下五方面：

（1）对达到某一目标的条件、手段、途径以及重要程度做出估计。

（2）预测未来事件发生的时间。

（3）通过概率计算出某一方案（技术、产品等）在总体方案（技术、产品等）中所占的最佳比重。

（4）预测研究对象的动向以及未来某个时间所能达到的状况以及性能。

（5）对某一方案（技术、产品等）做出评价，或者从若干个备选方案（技术、产品等）中选出最优者并进行评价。

（三）水平思考法

1. 水平思考法的含义

水平思考法是英国剑桥大学思维基金会主席爱德华·德·博诺(Edward De Bono)提出的。

德·博诺认为，在过去的时间里，人们一直在使用由亚里士多德、苏格拉底以及柏拉图创设的传统思维系统，其主要以判断、争论以及分析为基础。传统思维系统在一定程度上推动了社会的进步与发展。随着信息社会的到来，信息技术的发展给人们的生活以及工作带来了巨大的改变。传统的思维习惯和方法不能适应快速变化的世界，因为这个世界不仅需要具备分析和判断的能力，还需要独具匠心的设计理念和创造性的思维能力。相比于传统思维方式的"是什么"，未来思维方式需要的是"能够是什么"。

德·博诺给出了描述水平思维最简单的方法："你将一个洞挖得再深，也不可能在另一个地方挖出洞来。"这一点强调了寻找看待事物的不同方式和方法。

在垂直思维中，你选择了某个立场，然后你试图建立在这个基础上。你的下一步将取决于你当前所在的位置，并且下一步必须和当前位置有关，且在逻辑上是源自当前位置。这表明是建立于一个基础之上或将同样的洞挖得更深，而在水平思维中，我们水平移动，尝试不同的认知、概念和切入点。

在水平思维中，努力提出一些不同的观点，所有观点都是正确的，可以共存。不同的观点不是从彼此中衍生出来的，而是独立产生的。你绕着一幢大楼行走，从不同的角度摄像，每个角度都同样真实。常规逻辑关心的是"事实"和"是什么"，而水平思维关心的是"可能性"和"可能是什么"。我们建立起可能是什么的不同图层，最终得到一幅有用的图像。

德·博诺在反思传统思维模式的基础上，为弥补垂直思考的缺点，寻求从僵化的成规中逃脱出来。创设水平思考法，其目的在于产生一个有效用的、简单及理想的新方案。

2. 水平思考法的特色

水平思考法不仅是一种技巧和知识，也是一种心智的运作方式，而心智是一种能让信息自行组织成模式的特殊环境。

水平思考和顿悟能力、幽默间的关系十分密切，这几种能力都有相同的基础。通过学习，我们能够掌握水平思考。

有创意，敢于旁敲侧击，出奇制胜。水平思考法因其求解的思路是从各个问题本身向四周发散，各指向不同的答案，这些发散式的思路彼此间谈不上特别相关，每种答案也无所谓对错，但往往独具创意、别具匠心、令人拍案叫绝，回味无穷。由于其思想过程受意志控制，故并非胡思乱想，同时由于水平思考从不把思想限定在一个固定方向上，因此，往往为了解决问题而暂时远离问题，另觅他途。原则上水平思考是为了针对那些垂直思考无法化解的难题而产生。

但如果我们只在垂直思考行不通时才动用水平思考，则往往会因为懒得多动脑筋，而使水平式的解决之道被忽略。水平思考的技巧之一就是刻意地运用这种把事情合理化的禀赋，不再遵循惯常垂直思考按部就班的步骤，首先选好一个新颖而大胆的观点来考虑问题。然后，回过头去，再试着发掘这个新观点与问题起点之间是否存在合理的途径，可以彼此相通。

3. 水平思考的原则

对控制性观念的认识：

（1）寻找观察事物的不同角度

由不同观点解释问题的好处，可以在数学里找到最明显的例子。一个数学方程式的等号两边无非是两种表现相等数值的不同形式，以两种形式表达一种观念的等式非常有用，因而成为数学计算的基础。

（2）跳脱垂直式思考的严密控制

不急于去解释、分类、组织什么，我们的意识才能自由开放、从容不迫地接纳一切的可能性，也就是在这种情形下，才能产生新概念。

尽可能多地利用机会。人类文明史上许多重大的贡献都是偶发事件促成的，原先根本未经设计。同时，有许多重要的概念都是由各种条件偶然的凑合发展出来的。

（四）六顶思考帽法

1. 六顶思考帽法的含义

六顶思考帽法是爱德华·德·博诺博士开发的一种思维训练模式，它提供了"平行思维"的工具，避免将时间浪费在互相争执上。六顶思考帽法主要强调的内容是"能够成为什么"，而不是"本身是什么"，其目的是找到前进的方向。六顶思考帽法不仅可以帮助人们清晰地思考问题，还可以避免团体发生争论。

在大部分团队中，团队成员都需要接受团队的思维模式，这样不仅限制了团队和个人的配合度，还不能从根本上解决问题。通过运用六顶思考帽模型，团队成员打破了原有的思维模式。六顶思考帽代表六种思维角色，其覆盖了整个思维过程，不仅可以支持团体讨论中的相互激发，还可以支持个人行为。

2. 六顶思考帽法的应用步骤

六顶思考帽法是一种简单、有效的平行思考程序。它帮助人们做事更有效率，更专注，更好地运用智慧的力量。一旦学会，立即可以投入应用。

（1）你与工作伙伴将思考过程分为六个重要的环节和角色。每一个角色与一顶特别颜色的"思考帽子"相对应。在脑海中，你想象把帽子戴上，然后一顶顶换上，你会很轻易就能做到集中注意力，并对想法、对话、会议讨论进行重新定向。

一个典型的六顶思考帽团队在实际中的应用步骤如下：

①陈述问题事实（白帽）。

②提出如何解决问题的建议（绿帽）。

③评估建议的优缺点：列举优点（黄帽），列举缺点（黑帽）。

④对各项选择方案进行直觉判断（红帽）。

⑤总结陈述，得出方案（蓝帽）。

（2）使用六项思考帽法应注意的几个问题：

①控制与应用：掌握独立和系统地使用帽子工具以及帽子的序列与组织方法。

②使用的时机：理解何时使用帽子，从个人使用开始，分别在会议、报告、备忘录、谈话与演讲发言中有效地应用六项思考帽。

③时间的管理：掌握在规定的时间内高效地运用六项思考帽的思维方法，从而整合一个团队所有参与者的潜能。

三、整理法

（一）KJ法

1.KJ法的含义

KJ法，又称川喜二郎教育训练法，是由日本东京工大教授川喜二郎到各地探险积累经验后提出的一种教育训练方法。KJ是川喜二郎英文名字的缩写。

在调查的阶段中，川喜二郎发现人们对每一种新的事物都抱着"研究一下"的心态，甚至连没有直接关系的资料也一并收集。在开始阶段感觉重于理性，对那些觉得好奇、有趣或新鲜的事物，都收集记录下来。接下来就是阅读卡片并对其进行归类，将同一类型的卡片归类成一个系统，并用图表画出各系统之间的关系。久而久之，当再一次翻阅这些卡片时，发现"这些老的问题，还可以这样解决"。新的构想于是逐渐被激发了出来，复杂的资料和问题就会变成一目了然的关系图。

KJ法是一种思考、研究问题的方法，它把对未来的、未知的问题或者未经检验的问题的有关事实、意见、构思、设想等语言文字资料收集起来，按照"相互接近视为一类"的原则进行归类。从纷繁复杂的现象中找出规律，开发创造性，以把握问题实质，找出解决问题的途径。

为了找出工作中诸多问题的本质，这种训练法收集大量周边情报，按一定的原则，找出原因及解决方案的方法，用以解决复杂问题、开发创造性能力。具体说来，KJ法的基本原理是通过收集相关资料、事实、意见、构想等，按照"相互接近视为一类"的原则进行归类，并形成多个系统，用图表标明各系统间的关系。这样可以从纷杂的现象中发现规律，掌握问题的实质，最终找出解决问题的方法。

2.KJ法的基本过程

KJ法的基本过程包括如下四个阶段：

（1）制作卡片阶段——每张卡片记录一个中心内容，要言简意赅。

（2）编组阶段——把卡片按类缘关系分类编组，题写类名（概括性小标题），形成小组、中组和大组。

（3）图解阶段——把各组卡片按一定关系的顺序排列，并贴在一张大纸上，用各种关系符号联系起来，使之图解化。

（4）文字表达阶段——把各组之间的一定的相关性质联系起来，并用简要文字表达出来，得出最后结果。利用该法时应注意小组、中组、大组的编组要恰到好处，要能反映各组卡片所包含的事物的本身内容，否则，不会得出正确的结果。

（二）戈登法

1.戈登法的含义

头脑风暴法虽然是一种可圈可点的创新方式，但也存在着某些不足：在会议一开始就将目的提出来，这种方式容易使见解流于表面，过于肤浅，难以深入；与会者往往坚信唯有自己的设想才是解决问题的上策，这就限制了他的思路，提不出其他的设想，有一点唯我独尊的霸气，这是不利于思维展开的。

为了克服上述缺点，1964年，美国阿沙·德·里特尔公司的戈登创造了一种新的方法——戈登法（又称教学式头脑风暴法），它是一种由会议主持人指导进行集体讲座的技术创新技法。其特点是不让与会者直接讨论问题本身，而只讨论问题的某一局部或某一侧面；或者讨论与问题相似的某一问题；或者用"抽象的阶梯"把问题抽象化向与会者提出。主持人对提出的构想加以分析研究，一步步地将与会者引导到问题的本身上来。

2.戈登法的基本观点

戈登的分合法将过去所认为神秘的创造过程，用简单的话语归纳为两种心理运作的过程：一是使熟悉的事物变得新奇（由合而分）；二是使新奇的事物变得熟悉（由分而合）。

所谓"使熟悉的事物变得新奇"，也就是熟悉的事物陌生化，这一过程在学生对某种熟悉的事物，用新颖而富有创意的观点，去重新了解旧问题、旧事物、旧观念，以产生学习的兴趣。

所谓"使新奇的事物变得熟悉"，也就是熟悉陌生的事物，这一过程，主要在增进学生对不同新奇事物的理解，使不同的材料主观化。大部分的学生对于陌生事物的学习，多少都会有些压力。所以，面对陌生的事物或新观念时，教师可经由学生熟悉的概念来了解。通常可以用两种方式来熟悉陌生的事物。其一是分析法，先把陌生的事物尽可能划分成许多小部分，然后就每个小部分加以研究。第二个方法是利用类推，即对陌生的事物加以类推。

例如，可问学生："这个像什么呢？""它像你所知道的哪一样东西呢？"

3.戈登法的实施方法

戈登法的实施在很大程度上取决于参加者，而领导者与其他方法相比，起到更为举足轻重的作用。

主持讨论的同时，领导者要完成将参加者提出的论点同真实问题结合起来的任务。因此，要求领导者有丰富的想象力和敏锐的洞察力。

（1）成员

人数以 5 ~ 12 名为佳，尽可能地由不同专业的人参加，参加者必须预先对戈登法有深刻的理解。

（2）时间

会议时间一般为 3 小时，一方面是为了寻求来自各方面的设想，需要较长的时间；另一方面，让会议进行到某种程度的疲劳状态，以求获得无意识中产生的设想。

（3）其他条件

最好是在安静的房间中进行。与会议室等相比，舒适的接待室更为理想。一定要将黑板或记录用纸挂在墙上，参加者可将设想和图表写在上面。

（三）"635"法

1."635"法的含义

人们经常使用默写式头脑风暴法和默写式智力激励法来代指"635"法，该方法由德国人鲁尔已赫提出，他根据德意志民族和人民喜欢沉思的性格和习惯，在奥斯本智力激励法的基础上进行改善和创新，这种方法能够解决多数人争抢着发言而导致点子容易发生遗漏的问题。该方法与头脑风暴法拥有一样的原则，最大的区别在于，在纸上或卡片上把每个设想记录下来。头脑风暴法提倡所有人能够将自己的创意设想表达出来，明文规定不允许评价每个设想或点子，但是有的人缺乏当众表达的勇气，有的人不善于口头表述，有的人看到别人发表的意见与自己相似便不再发言。但是应用"635"法，可以对以上缺点进行弥补，这种方法的工作程序主要包括：

（1）每次安排 6 个人参加会议，并且围成一圈，每个人只能使用 5 分钟的时间把 3 个设想写在自己的卡片上，所以称为"635"法，再按照从左到右的顺序向下一个人进行传递。每个人接到卡片之后要在属于自己的 5 分钟时间内将 3 个设想写出来，再传递给下一个人，重复 6 次传递过程。如此一来，大概花费半小时便能收获到 108 个设想。

（2）"635"法的具体程序为：

参加会议的 6 个人坐在会议桌周边，围成一个圆圈，有一张画有 6 个大格和 18 个小格（每一个大格包含了 3 个小格）的纸放在大家眼前。

主持人向参会人员宣布会议主题和具体的要求，并且要让每个参会人员重新阐述主题。

完成了重新阐述环节之后，主持人便开始计时，要求每个人在首个 5 分钟时间内将 3 个设想写在第一个大格包含的 3 个小格中，要求使用简单明了的语言表达设想。

结束了第一个 5 分钟环节后，再按照顺时针或逆时针的方向，每个人把自己的纸向左侧或右侧的人进行传递。在第二个 5 分钟的时间内，每个人将自己的 3 个设想写在第二个大格包含的 3 个小格中；这次新写下的 3 个设想要与纸上已有的设想不相同，但又存在一定的关联，大家可以利用已有的设想激发出自己的灵感。

接下来再按照以上方法开展第三个、第四个、第五个和第六个 5 分钟时间的环节，整个过程需要花费 30 分钟时间，每张纸上诞生了 18 个设想或点子，共有 108 个设想被激发出来。

整理分类归纳这 108 个设想，找出可行的先进的解题方案。"635"法的优点是能弥补与会者因地位、性格的差别而造成的压抑；缺点是因只是自己看和自己想，激励不够充分。

2."635"法的注意事项

在"635"法中应注意以下几点：

（1）开始前，注意明确议题。

（2）议题范围应在参加者关心范围内。

（3）讨论时气氛自由、轻松，但应避免太乱而无秩序。

（4）主持人应注意控制时间。

（四）ＭＢＳ法——三菱式智力激励法

1.MBS 法的含义

奥斯本智力激励法虽然能产生大量的设想，但由于它严禁批评，这样就难以对设想进行评价和集中，日本三菱树脂公司对此进行改革，创造出一种新的智力激励法——MBS 法，又称三菱式智力激励法。

MBS 法衍生自头脑风暴法。活动进行时，首先要求出席者预先将与主题有关的设想分别写在纸上，然后轮流提出自己的设想，接受提问或批评，接着以图解方式进行归纳，再进入最后的讨论阶段。

2.MBS 法的实施步骤

MBS 法的具体实施步骤如下：

（1）主持人提示主题。

（2）各人将构想写在笔记本上（10 分钟左右）。

（3）各人提出自己的设想，每人以 1 ~ 5 个为限。主持人再把各人构想写在纸上。其他人在听了宣读者提出的设想后，受到启发而想到的也可记下。

（4）尽量提出全部构想。

（5）由提案人对构想进行详细说明。

（6）相互质询，进一步修订提案。

（7）主持人用图解方式进行归纳。

（8）全体出席者进行讨论。

四、设问法

（一）稽核问题表法

稽核问题表法是创造学中的一种方法。该法是一种激励创造心理活动的方法。其特点是：主体参照稽核问题表中提出的一系列问题，探求自己需要解决问题的新观念，创造性地解决问题。把稽核问题表法分为两类：项目稽核问题表法，其特点是表中罗列一系列较为具体的问题和注意事项，给人指出一般解决问题的方向；普通稽核问题表法，其特点是表中罗列一系列具有共性和普遍意义的问题，给人指出创造性解决问题的方向。这种方法要与研究对象列举出来的问题和具体需要解决的问题相结合，一一检核问题，对推动问题解决的新观念进行探索和挖掘，充分发挥创造性的作用以妥善解决问题。

不管是对一个新产品还是一项任务进行设想，首先要提前对很多提问要点进行明确，并且要核对和讨论每一个要点，如此才能让发明者对解决问题的可能性和方法进行全面和系统的思考，还要带有一定的目的性对人们的思维进行延伸和拓展，推动创造性设想的获取，再对认定的目标进行调整、改善和创新。总体来说，稽查问题表包含了九组类型的问题，具体有 75 个对思维活动进行激励的问题。

第一，是否存在与之相似的东西？通过类比的方法是否会有新的观念形成？过去有类似的问题存在吗？能否进行模仿？是否可以实现超越？发明家就是受到鸟类翅膀的影响和启发研究出了飞船和飞机。

第二，是否存在新的使用方法和新的用途？是否可以对目前的使用方法进行改变或创新？如诞生在我国古代的四大发明从以前用途单一转变成如今在各个领域广泛应用。

第三，能否从附加部件和用途以及价值方面着手，实现用途的增加、使用寿命的延长、强度的增加和材料的节省？

第四，能否进行分割、删减、缩小、减轻重量、浓缩和分割等操作？比如，人类用来掌握时间的表便经历了从挂钟到座钟、怀表、手表和戒指表等发展阶段。

第五，能否使用其他的工艺、方案、材料、规则、技术进行取代？如发条被马达和电池取代，延长了玩具汽车的使用寿命。

第六，是否可以颠倒顺序，将上下、左右、正负等顺序或方向改变？如在研究飞机的早期阶段，人们在飞机头部安装飞机螺旋桨，现在则在飞机的尾部安装喷气发动机，直升机仍然在飞机顶部安装螺旋桨。

第七，是否可以对尺寸、强度、时间、性能、成分等因素进行增加或附加，收录机是在收音机和录音机的基础上发展起来的。

第八，是否可以对顺序、音效、外形、款式、味道、类型、布局、功能、颜色等因素进行改动或调整。如以前灯泡只有一种形态和款式，现在的灯泡拥有多样化的颜色和形态。

第九，能否重新组合、混合、统一、配套等？如为满足老年人远视和阅读需要而设计的双焦距镜片，就是把两种不同眼镜组合为一体。

（二）和田十二法

和田十二法，又叫"和田创新法则"（和田创新十二法），即指人们在观察、认识一个事物时，可以考虑"是否可以"。和田十二法是在奥斯本稽核问题表基础上，借用其基本原理，加以创造而提出的一种思维技法。它既是对奥斯本稽核问题表法的一种继承，又是一种大胆的创新。比如，其中的"定一定"就是一种新发展。同时，这一技法更通俗易懂，简便易行，便于推广。

1. 加一加

是否可以增强物品的功能、体积、重量和长度，改变物品的尺寸和形态以及功能，让物品使用起来更加便捷。以一把普通的伞为例，在海边使用的沙滩伞、摆摊必备的晴雨伞都是通过增加普通雨伞的面积而形成的，橡皮头铅笔便是增加了铅笔和橡皮擦的功能。

2. 减一减

是否可以通过缩减物品的体积或面积以及重量，不断优化该物品的功能、形态、成本和价值。如在电子管的基础上，不断缩减电子设备的材耗、能耗和体积，便形成了可以便捷使用、拥有更加可靠和稳定性能的晶体管和集成电路；隐形眼镜便是近视眼镜的缩小版，更方便近视患者使用；可以利用塑料代替钢铁的方式减轻物体的重量；把音乐带中包含的歌声去除掉便形成了卡拉 ok 带，不断提高人们对游戏的参与感。

3. 扩一扩

通过增加物体宽度、面积或体积的方式，改善物体的功能。最典型的例子是大屏幕、投影电视、用于象棋比赛和围棋比赛的演示挂盘、放大镜和显微镜等。

4. 缩一缩

通过缩小产品体积的方式，把产品缩成微型或者mini版本，可以方便用户携带或使用。以锅炉为例，一般我们使用的锅炉里面都设置了许多水管，这些水管的作用是将水的吸热面不断扩大，推动热效率的提升，有人以这个原理设计为重要依据，将火管式水壶研发出来，就是将螺旋管安装在水壶内部，在壶底的开口处焊接一段管子，再在壶顶部焊接一段管子，这便是一个火管式锅炉的缩小版。

5. 改一改

通过对物品之前的结构和形状以及性能进行改变，让它的功能和特性以及形态焕然一新，让产品的操作更简单、功能更加多样化、更具特色、更省力和轻便、拥有更好的运转效率……最典型的例子是折伞和自动伞都是由普通伞改造而成，乳白玻璃和彩色玻璃都是在白炽灯的基础上进行改造的，电话机的发展经历了从脉冲转向音频、有线转向无线、拨盘转向按键的过程。

6. 变一变

通过对原产品的颜色、音效和形状以及尺寸进行改变，让消费者或用户体会到新鲜的感受。比如，每年服装的流行款式、面料、图案和颜色都不一样，备受人们喜欢；铅笔杆从之前单一的圆形，转变为如今的多样化形状，如三角形、扁形和六角形。

7. 并一并

合并两个不同的物体，主要是合并它们之间多样化的功能和规律。如瑞士的多功能军刀全球知名，它就是合并了刀、开瓶器、钳、剪刀、叉等的功能，备受欢迎和认可。

8. 学一学

在对其他产品的色彩、动作、规格、形状、性能、结构、功能等因素进行模仿的基础上，不断创新创造产品。比如，美国科学家通过对蜘蛛的动作进行研究和模仿，发明制造了八条腿的自行机器人，这种机器人在一些地形环境比较复杂的地方行走时非常灵活轻便，特别是火山周边。中成药的应用一直存在服用不方便和较大的药剂量等问题，这也是中医学发展亟须解决的问题，因此，很多人选择效仿西医的方式，高度浓缩中药的重要有效成分，最后形成了拥有很小的体积的丸剂或片剂，用户携带更加方便，服用方法也比较简单。

9. 代一代

能否利用其他工具、商品、材料或方式取代已经使用的那些东西，比如，利用纸代替木质材料，利用塑料取代钢铁材质，利用半导体代替电子管材质。

10. 搬一搬

通过改动物品所包含的某一种制作原理、制作方式和制作工艺，对新的物品进行创新创造，研发者经常使用这种方式进行发明。当然，对一些物品进行模仿或者局部模仿时，大多数是对"搬一搬"的方法进行灵活应用。比如，在圆珠笔的制作工艺上对电视机的拉杆天线进行模仿，便发明了教鞭圆珠笔，受到许多教师的好评和肯定。

11. 反一反

倒一倒事物中包含的对立关系，比如热和冷、横与竖、上与下、导电与绝缘、里与外、方与圆、前与后、左与右等，反一反事物的结构、形态、性质和功能等，对新功能、新用途和新产品进行创新创造。举个例子，可以把电向磁进行转化，在电动机中进行应用；把磁向电进行转化，在发电机中灵活应用。

12. 定一定

对物品进行改良或对一个问题进行解决，从而推动工作效率、便捷性、准确性的提高，这就是所谓的定一定。举个例子，以前人们主要通过自己的感知能力对温度进行判断，不仅不够准确，还缺乏一定的便捷性，标准也不够统一。瑞典的著名科学家摄尔修斯提出对水的沸点和冰点之间的温度进行划分，依次分成 100 个等级，每一个等级用 1 摄氏度来表示，如此便确定了测量水温的标准和方法。

五、联想法

联想是人类思维的一种高级活动，它是指人类由一事物的现象、语词、动作，想到另一事物的现象、语词或动作，利用联想思维进行创造的方法，即为联想法。联想的事物之间存在着一定的相似和近似，常用的联想法分为自由联想和强制联想，自由联想是不受任何限制和约束的想象，强制联想是在一定限制条件下的对一定目标的集中想象。

（一）简单联想

1. 接近联想

由一事物想到在形态上、功能上、空间上或时间上与之相接近的事物的一种联想。时间上的接近有同时性的和继时性的，空间上的接近往往在时间上也是接近的。如秦汉、魏晋是时间上的接近，京津、武汉、沪杭是地理上的接近。记忆过程中常用接近联想以加强识记和引起回忆。如语文教学中字词按顺序排列，儿童按此顺序识记，回忆（听写）时按顺序则速度快、正确率高；如倒转顺序或打乱顺序则回忆速度慢，正确率降低，这就是由于破坏了接近联想规律。接近联想还能启发创造性思维和想象，是最普遍的联想现象，也是最常用的联想方法。

2. 相似联想

相似联想是以性质上相似关系为线索，由一事物（或现象）联想到另一事物（或现象）。如由太阳系想到原子结构，由地球想到火星。相似联想能给人以启发，头脑中浮现的事物形象常常由相似联想的诱发而产生。

相似联想是由于事物间的相似点而形成的联想，也称类似联想。大家熟悉的李白的名句"云想衣裳花想容"，即由天上的云联想到人的衣裳，由花的美丽想到人的容貌。

这里联系在一起的纽带是云和衣、花和容的相似性。又如，"芙蓉如面柳如眉""直如朱丝绳，清如玉壶冰""日出江花红胜火，春来江水绿如蓝"等，其中都包含着丰富的相似联想。还有杜甫的名句"天高云去尽，江迥月来迟"，把云和月的移动现象，同人的脚步移动联想在一起，令人感到十分亲切、生动。我国许多古典的诗情画意，都蕴含着这种异彩纷呈的相似联想。

在日常生活当中，人们很容易从江河想到湖海，由树木想到森林，从火柴想到打火机，从缝衣想到缝纫机，从洗衣想到洗衣机。人造湖海、人造森林、打火机、缝纫机、洗衣机等，就是通过相似联想而创造出来的。

在科学发现中，科学家从质量守恒定律想到能量守恒定律，再想到质量能量守恒定律。这是因为质量与能量都是物质属性，既然存在质量守恒，也就存在能量守恒，于是，也就必有质量能量守恒。但是，这些联想经历了两个世纪。如果人们能够有意识地运用相似联想法，那么守恒定律的发现，可能提前几十年甚至于一个世纪。

（二）强制联想

强制联想法是一个与自由联想相对而言的概念和名词，利用反义、整体、部分和同义等规则限制人们对某一个事物的联想。一般人们都认为自由联想是创造活动的必备因素，从而将联想的连锁反应充分激发出来，推动许多创造性设想的诞生和形成。但是，要想将某一个具体的问题解决好，按照一定的目的推动某种产品的发展，必须对强制联想进行灵活运用，让人们在受到一定限制的范围内集中所有精力开展联想，推动创造和发明的产生。从以往人们开展的创造活动来看，人们利用强制联想也发明了许多事物。强制联想的优势为：一是能够将联想和思维的定式模式打破，把联想从以往非常熟知的领域向比较陌生的领域，甚至是意料之外的领域进行拓展；二是不仅可以将已经存在的设计和搭配组合的潜在效益充分发挥出来，还可以对搭配组合的新颖性和创造性进行深入挖掘和不断增强；不仅可以持续更新和挖掘、自成一体，还可以融入其他方式，推动非常规性的、意想不到的新方案、新设计、新设想的产生。

但是，对强制联想方法进行具体应用的过程中，需要注意的要点有：

要从不同的层次和角度，在不同的设计和不同的事物之间，建立起强制联想的关系，彼此之间越是具备较大的跳跃性和区别，越是有利于设计者开阔自己的思路，找到一些超常规的组合搭配。

发散式联想和思维是强制联系的主要内容，要求思维和联想拥有更加广阔的可能性；收拢式思维和联想是强制结合的主要内容，要求思维和联想拥有更高的集约水平。

以电子计算机辅助设计和矩阵排列为重要划分依据，强制联想可以分成几个类别，主要包括新颖型、已有型、奇特型、改进型、平庸型，一般会去除已有型和平庸型，将新颖型和改进型保留下来，修正和改变奇特型。

六、列举法

列举法是利用逻辑方法深入分析某一个具体事物的优点、缺点、特征或其他的特定内容，再罗列出该事物的所有内容和本质，与每个列举出的事项相结合，将改良的方法一一提出来。希望点列举法、属性列举法和缺点列举法是人们经常使用的三种列举法。除此之外，我们平常所了解到的功能目标法和 SAMM 法都是以列举法为基础进行的拓展和延伸。

（一）属性列举法

1.属性列举法的含义

属性列举法也叫分布改变法，这种方法运用在升级改造老产品的项目更加合适。这种方法的特征是利用表格的形式列举出某一种具体产品的特征，再逐一对照这些特点把提出来的改善方法制作成表格，它的优势是能够全面分析和研究该物品的所有问题。

属性列举法是偏向物性、人性的特征来思考的，主要强调于创造过程中观察和分析事物的属性，然后针对每一项属性提出可能的改进方法，或改变某些特质（如大小、形状、颜色等），使产品产生新的用途。属性列举法的步骤是罗列出事物的装置、产品、系统或问题重要部分的属性，然后改变或修改所有的属性。其中，我们必须注意一点，不管多么不切实际，只要是能对目标的想法、装置、产品、系统或问题的重要部分提出可能的改进方案，都是可以接受的范围。

2. 属性列举法实施步骤

（1）将物品或事物分为名词属性（全体、部分、材料、制法），形容词属性（性质、状态），动词属性（功能）三种属性。

（2）提出新产品构想。依变换后的新特征与其他特征组合可得到新产品。

具体做法是把事物的特性分为名词特性、动词特性和形容词特性三大类，并把各种特性列举出来，从这三个角度进行详细的分析。然后通过联想，看看各个特性能否加以改善，以便寻找新的解决问题的方案。该法简单，既适用于个人，也适用于群体。如选择书籍为课题，那么列出的名词特性：书籍内容有封套、封面、封底、书脊、订口、裁口、天头、地角、版心等；书籍材料有纸张、布、塑料、木等。形容词特性：轻、重、大、小、颜色等。动词特性：左翻、右翻、拿取、套入等。然后再对各部分进行具体的分析。

3. 实例操作

（1）以设计新型椅子为例，把可以看作是椅子属性的东西分别列出"名词""形容词"及"动词"三类属性，并以脑力激荡法的形式一一列举出来。

（2）如果列举的属性已达到一定的数量，可把内容重复者归为一类或者把相互矛盾的构想统一为其中的一种。

（3）将列出的事项按名词属性、形容词属性及动词属性进行整理，并考虑有没有遗漏，如有新的要素须补充上去。

（4）利用项目中列举的性质，或者改变它们的性质，以便寻求是否有更好的有关椅子的构想。

（5）针对各种属性进行考虑后，更进一步去构想，就可以设计出实用的新型的椅子。

（二）缺点列举法

1. 缺点列举法的含义

缺点列举法是针对现有物品、设计的缺点提出改进设想，获得创新概念的一种方法。缺点列举法以了解产品及其使用为前提，从不同的角度列举产品使用过程中所暴露出的缺点和问题，然后将列举的缺点按照严重性、权重进行分析整理，最后提出具体可行的改进意见和修改方案。参与缺点列举的人群可以包含产品设计师、产品用户以及产品维修人员等。缺点列举法是改进产品设计，提高产品可用性的有效方法。

缺点列举法的应用面非常广泛，它不仅有助于革新某些具体产品，解决属于"物"一类的硬技术问题，而且还可以应用于企业管理中，解决属于"事"一类的软技术问题。

缺点列举法的使用，可以按以下程序进行：采用产品调研、市场调查等手段收集并列举调查对象的尽可能多的缺点；将缺点归类整理；针对这些缺点分析研究，寻找并选出合适的方法与措施加以改进。

缺点列举法是一种行之有效的创意技法。因为任何事物都不是十全十美的，总是有优点也有缺点。或者，今天看起来没有缺点，但是过了一段较长的时间，它的缺点就暴露出来了。比如，通过缺点列举法，对插线板提出了以下缺点：

插头之间间隔太小，如果同时插多个插头，有些插不进去。插头插上太紧，一只手不好拔。插线板插上插头后线太多、太乱。插线板太大不好携带。插线板外观形态千篇一律，不好看。

2. 事物的局限性和时间性

为什么事物总是有缺点呢？

（1）局限性

设计产品时，设计人员往往只考虑产品的主要功能，而忽视其他方面的问题。比如，厨房里使用的锅，烧煮食物很方便，这是它的主要功能。但是，当用它烧煮汤、羹类的时候，就暴露了它的局限性，因为锅的上口太宽，不便倒入小碗。有人根据这个缺点，设计了"茶壶锅"。这种锅的外形很别致，它把上口宽的锅与倒水方便的茶壶巧妙结合在一起，似锅似壶，一物多用，尤其适合烧煮面食之用。

（2）时间性

有的产品刚发明时，很好看，很好用，但过些时候，看厌了，不好使了。或者是随着科学技术的进步，它落后了。只要我们处处留神，时时观察，产品的缺点是不难发现的。

3. 应用缺点列举法的技巧

（1）敢于质疑，发现缺点。人常有一种惰性，对于正在使用着的东西，看久了，习惯了，就认为理应是这样。

（2）调查研究，列举缺点。我们对产品不可能件件都使用过，而使用过这些产品的人，对产品的优点、缺点是最清楚的。因此，我们要到最有发言权的使用者那里听取意见，并亲自体验，了解缺点的症结所在。

（3）做好记录，随时备查。发现缺点，并不意味着就能搞出发明，有时要等待很久，联想或灵感才能使你想出一个发明。因此，做好记录，随时备查是很重要的。科学家常说，最淡的墨迹胜过最好的记忆。记录能帮助你记忆。再者，发明者对物品所列举的缺点不可能都是很成熟的观点，都能演绎成发明命题。然而，记录得多了，增加了发明选题的灵活性，设计成熟方案的可能性就增加了。

（三）希望点列举法

1. 希望点列举法的含义

希望点列举法是通过向对象提出希望和理想点，从而找到创造发明的方向和途径的方法。与缺点列举法不能脱离物品和设计原型的约束相比，希望点列举法是一种更积极、主动的创造技法。希望点列举法鼓励列举者摆脱现有设计的束缚，——列举希望达到的目标和各种新的设想。希望点列举法通常会产生一些天马行空的概念，这些概念恰巧是创造性产品设计的最强驱动力，例如，人类有了翱翔于天空的渴望，才有了飞机产品的设计。实际上我们生活中有很多产品都是根据人们的希望和幻想产生的。

希望点列举法与缺点列举法的程序相类似：选定对象；列举出对调查对象的需求、愿望；归纳整理，确定主要的需求和愿望；针对需求和愿望，寻找并确定满足这些要求和愿望的方法。

2. 希望点列举法执行步骤

希望点列举法的实施主要有三个步骤：

（1）激发和收集人们的希望。

（2）仔细研究人们的希望，以形成"希望点"。

（3）以"希望点"为依据，创造新产品以满足人们的希望。

以洗衣机为对象，列举希望点，可产生以下见解：

（1）希望洗衣机排水不受下水位高低的限制。

（2）希望洗衣机可以携带。

（3）希望有不用水的洗衣机。

（4）希望洗衣机体积减小一半。

（5）希望洗衣机不用洗衣粉。

发挥想象力的方式之一是从幻想和美好愿望的角度看待和处理现有的事情。自觉地利用幻想和美好愿望，不仅可以大大拓展人的思路，而且可以为发明创造者沿这一思路进行创新提供动力。创造性想象不是凭空产生的，它受现实原型的启发，是通过对原型进行组合、夸张、拟人化等创造性加工而产生的。

3. 希望点列举法的具体做法

组织 5 ~ 10 个人参加希望点列举会议。主持人要在会议开始之前确定好主题，主题一般是需要更新的某一个事物或一件事情，会议开始之后便要求参会人员针对主题将各种类型的改革希望点——列举出来。为了将所有参会人员的改革希望点充分激发出来，让每个人在纸上写出自己的改革希望点，同时在小黑板上公布出来，并让参会人员相互传阅纸条，如此一来，参会人员之间便会形成连锁反应。会议时长一般在 1~2 小时，形成的希望点一般在 50~100 个。会后再整理好各种改革希望点，从中选出最有价值和意义的希望点进行深入研究，最后将详细的革新方案制订出来。

下面用大家比较熟悉的笔来举例，对希望点列举法的详细步骤和程序进行说明：

（1）把需要改进产品的名称和主题记录下来：对现有笔的功能进行改进。

（2）关于笔的改革希望点主要包括——

如果能提供更多的颜色进行更换，该多好。

如果能够按照书写需求对笔的粗细进行调整，该多好。

如果钢笔在可以书写的同时兼具激光指示的功能，该多好。

如果钢笔能够一直使用不用经常添加墨水，该多好。

如果钢笔在具备书写功能的同时又有测电功能，该多好。

这些仅仅是小部分的改革希望点，不同的人根据自身不同的需求和主观意识可以提出不同的改革希望点，再对所有列举出来的希望点进行判断和评估，最终制订出具体的改革方案。

（3）以这些改革希望点为重要依据进行创造构思，能让其中一项或者几项希望点得到满足，很容易推动新创意的产生。那么可能会产生这样的方案：通过旋转或按钮的方式对笔芯进行更换，不仅能让笔拥有更多可以选择的颜色，还能让笔具备调整粗细的功能。将测电装置安装在笔的顶端位置，笔的测电功能便实现了。将激光装置安装在笔的顶端位置，笔的激光功能便实现了。挖空笔的内部并且将大量墨水安装进去，大大延长了笔的使用时间，可以很长时间不换墨水。

七、组合法

创造学奠基人奥斯本曾说过，"组合"是想象力的本质特征，是创新的重要手段。日本创造学家高桥浩也指出："创造的原理，最终是信息的截断和再组合。把集中起来的信息分散开，以新的观点再将其组合起来，就会产生新的事物或方法。"

组合法就是在确定的整体目标下，通过不同原理、不同技术、不同方法、不同事物、不同产品和不同现象的组合，获得发明创造的创新方法。在产品设计领域，组合法主要用来综合多个概念或产品的原理、属性、功能，从而获得全新概念和产品的创新方法。新组合可以是对少量因素的简单组合，也可以是多个因素的复杂组合，所获得的新的组合整体功能大于各组成部分之和。在产品概念构思阶段，特别在设计知识不完备的情况下，应用组合法进行创新设计是一种实用、快捷的方法。收录音两用机、带闪光灯的照相机，甚至带橡皮的铅笔都是创造性组合的产物。

常用的组合法有成对组合法、辐射组合法、形态分析法和信息交合法。

（一）成对组合法

成对组合法是将两种不同的技术因素组合在一起的创新方法。依据组合的因素的不同，可分为材料组合、产品组合、机器组合、技术原理组合等多种形式。

1. 材料组合

材料组合一般是对现有的材料不满意或希望它能满足新的某种要求，而与另一种不同性能的材料组合起来，以获得新材料。在工业设计中，常通过各种不同材质的组合，获得新的质感。

2. 产品组合

产品组合常将两个或两个以上的产品组合成一个新的产品，使之具有两个或两个以上的产品功能，或使原来的功能具有新的特点，如组合音响、组合家具、一体化厨房等。

3. 机器组合

机器组合常把完成一项工作同时需要的两种机器，或完成前后相接的两道工序的两台设备结合在一起，以便减少设备的数量，提高效率，如组合机床可以完成多道工序的加工。

4. 技术原理组合

技术原理组合是将两种或两种以上的技术原理组合，形成新的技术原理。例如，弗朗克·怀特（Frank White）把喷气推进原理与燃气轮机原理进行组合，从而发明了喷气式发动机。

（二）辐射组合法

在核心技术的基础上组合多方面的技术以形成新技术辐射，这种发明创造的方法被称为辐射组合法。新颖性和优越性是中心技术所表现出的独特优势，其作为辐射组合法中的核心技术具有人们所喜爱的特征。

（三）形态分析法

形态分析法是基于形态学对事物进行深入研究的方法。用形态分析法来分析，首先要将研究的对象或问题进行分解，然后针对某一个基本组成部分进行单独处理，制订出相应的解决办法或方案，最后基于不同的组合关系将所有的解决方案汇总起来形成总方案，那么便会产生若干个不同的总方案，这时就需要采用形态分析法对所有的总方案进行可行性研究，以选择出最佳的解决方案。

1. 形态分析法的步骤

形态分析法包括以下五个步骤：

（1）提出问题并简要解释问题。

（2）将问题进行分解，分解后的每一个基本组成部分都应有明确的定义，并对其特性做深入研究。

（3）建立多维矩阵的形态模型，这一模型不仅包括所有的基本组成部分，同时还包括基于组合而形成的所有可能的总方案。

（4）分析和评价这个矩阵中所有总方案的可行性。

（5）在选择出所有可行的总方案后，应进行比较进而确定最终的最佳方案。

形态分析法具有优点但同时也有缺点。其优点主要体现在：这种方法既可以用于新技术的探索和研究，又可对新技术的可行性进行分析和评估其缺点主要是：因为解决问题的总方案是基于不同的组合关系而形成的，因此，总方案的数量是不确定的，如果数量过多便会给可行性研究带来非常多的困难。

2. 形态分析法的环节

用形态分析法来分析问题一般要经历以下三个环节：

（1）明确所提出的问题。

（2）根据功能的不同将所要研究的对象或问题分成若干个基本组成部分，并在此基础上提取出相关的独立因素。

（3）深入分析各独立因素，明确其所包含的要素。

基于要素进行创造，创造的方式包括排列、组合等。

（四）信息交合法

信息交合法是一种运用信息概念和灵活的手法进行多渠道、多层次的推测、想象和创新的创造性发明方法。它是以信息交合理论为基础，运用现代物理学中的状态空间理论——多维信息坐标为工具，实现产品信息的交叉、调整、增殖，进而实现设计创新。

八、类比法

（一）类比法的含义

类比法主要用于具有相似特征的两种事物之间，即一类事物具有某种属性或特征，便推测与其相似的事物也具有相同的属性或特征，这种推理方法也叫作比较类推法。运用类比法得出的结论必须经过实验的论证。类比对象之间的共有属性越多，则类比结论的可靠性越大。与其他思维方法相比，类比法属平行思维的方法。无论哪种类比都应该是在同层次之间进行。类比推理是一种或然性推理，前提真结论未必就真。要提高类比结论的可靠程度，就要尽可能地确认对象间的相同点。相同点越多，结论的可靠性程度就越大，因为对象间的相同点越多，两者的关联度就会越大，结论就可能越可靠；反之，结论的可靠性程度就会越小。此外，要注意的是类比前提中所根据的相同情况与推出的情况要具有本质性，如果把某个对象的特有情况或偶有情况生硬地类推到另一对象上，就会出现"类比不当"或"机械类比"的错误。

（二）类比法的类型

1. 直接类比法

直接类比法是将求解对象直接与类似的事物或现象进行比较，由此获得启示并激发新的创意的方法。直接类比法在设计中运用得较多的是仿生设计法。例如，模仿海豚的皮肤以减少潜艇在水下的阻力；模仿蜻蜓的"翅痣"，在飞机的机翼上也做一个"翅痣"高强度区，以克服飞机在飞行中的颤振现象。在运用直接类比法进行设计时，类比的对象之间的特征越接近，设计获得成功的概率就越大。

2. 拟人类比法

拟人类比，就是使创意对象"拟人化"，也称亲身类比、自身类比或人格类比。这种类比就是创意者使自己与创意对象的某种要素认同、一致，进入"角色"，体现问题，产生共鸣，以获得创意。

工业设计，也经常应用拟人类比。著名的薄壳建筑罗马体育馆的设计，就是一个好例证。设计师将体育馆的屋顶与人脑头盖骨的结构和性能进行了类比：头盖骨由数块骨片组成，形薄、体轻，但却极坚固，那么，体育馆的屋顶是否可做成头盖骨状呢？这种创意获得了巨大成功。于是薄壳建筑风行起来。

设计机械装置时，常把机械看作是人体的某一部分，进行拟人类比，从而获得意外的成效。如挖土机的设计，就是模仿人的手臂动作：它向前伸出的主杆，如人的胳臂可以上下、左右自由转动；它的挖土斗，好比人的手掌，可以张开合起；装土斗边的齿形，好似人的手指，可以插入土中。挖土时，手指插入土中，再合拢、举起，移至卸土处，松开手让泥土落下。这是局部的拟人类比，各种机械手的设计也是如此。整体的拟人类比，就是各种机器人的设计。

3. 象征类比

象征类比，这是一种借助事物形象或象征符号，表示某种抽象概念或情感的类比。有时也称符号类比。这种类比，可使抽象问题形象化、立体化，为创意问题的解决开辟途径。在象征类比中利用客体和非人格化的形象来描述问题。根据富有想象的问题来有效地利用这种类比。这种形象虽然在技术上是不精确的，但在美学上却是令人满意的。象征类比是直觉感知的，在无意中的联想一旦做出这种类比，它就是一个完整的形象。

4. 因果类比法

因果类比法是根据两个事物都有某些共同属性，各自的属性之间可能存在着同一种因果关系，因而人们可以根据一个事物的因果关系，类比出另一事物的因果关系的方法。联想是因果类比法的关键，通过联想寻找过去已经存在或确定的因果关系，并在此基础上发现事物的本质。例如，气泡混凝土的发明，就得益于因果类比法。科学家通过在合成树脂中加入发泡剂，使之充满了微小的孔洞，该种树脂具有省料、轻巧、隔热、隔音的良好特性，这就是泡沫塑料。

5. 对称类比

不论是自然界的事物还是人工事物，其都存在着相互对称的特点。认知主体在进行创意时便可基于这一特性运用对称类比法获得人工造物。比如，物理学家狄拉克在研究自由电子运动的实验中，通过方程得出了两个能量解，且这两个能量解是具有正负对称关系的，我们已经知道其中一个能量解对应的是电子，那么基于电荷正负的对称性，狄拉克便提出了存在正电子的对称解这一结论，这便是对称类比法的具体应用。

6. 仿生类比

仿生类比是以生物的某些特性为原型创造出外形或功能相类似的产品。

如飞机的创造便是运用仿生类比的方法，通过模仿鸟类的展翅飞翔而发明了具有机翼的飞机；又以鸟类可直接腾空为灵感造出了不需要跑道的直升机。此外，超轻的高强度材料也是运用仿生类比的方法，其是以蜻蜓的翅膀为原型而发明的，通常被用于航空、航海及房屋建筑等领域。

7. 综合类比

事物之间的关系是错综复杂的，但在这错综复杂的关系中也有相类似的特征，通过综合这些相类似的特征以进行类比，进而将其运用到创意、创造中。大多数的模拟试验都属于综合类比，如模拟飞行试验、船舶模型试验及大型机械设备的模拟试验等。此外，现在盛行的模拟考试也属于综合类比，在正式考试前，先用一张试卷进行检测，一方面能使考生了解正式考试的各种情境，另一方面还能检测学生学习的程度，从而为正式考试做好准备。为了更好地激发考生的竞技心态，使学生有针对性地做好进一步的应考准备，模拟试卷的试题应尽可能地与正式考试相类似，包括题型、题量、覆盖面及难易程度等。

直接类比作为以上七种类比的基础，其在产品的创意、创造中使用最为广泛。也就是说，以上七种类比方式都是在直接类比的基础上拓展出来的，向仿生、拟人及象征化的方向发展便产生了仿生类比、拟人类比和象征类比，而对称类比、因果类比、综合类比及幻想类比也同样代表着不同的类比方向。在创意、创造中，这七种类比方式并不是独立应用的，而是在相互依存、相互补充及相互渗透中促进新产品的产生。

九、仿生学法

（一）概述

仿生学是研究生物系统的结构和性质以为工程技术提供新的设计思想及工作原理的科学。仿生学一词是 1960 年由美国的斯蒂尔根据拉丁文"bios"（"生命方式"的意思）和字尾"nlc"（"具有……的性质"的意思）构成的。

将仿生学引入设计学，以自然界万事万物的"形""色""音""功能""结构"等为研究对象，有选择地在设计过程中应用这些特征原理进行设计，同时结合仿生学的研究成果，为设计提供新的思想、新的原理、新的方法和新的途径。仿生设计学作为人类社会生产活动与自然界的契合点，将人类社会与自然达到了高度的统一，正逐渐成为设计创意发展过程中新的亮点。

从古至今，自然界从来就是各种思想和工艺技术取之不尽、用之不竭的灵感源泉。印象画派倡导画家应走出画室，面向大自然，对着实景写生，强调描绘大自然的光与色。到了艺术与手工艺运动、装饰艺术运动，则倡导向大自然学习，以大自然的形态为创作素材。以植物藤蔓为装饰素材。中国传统文化艺术中有"外师造化，中得心源"一说。中国传统纹样如云纹、水纹，来源于对大自然中云和水的抽象。龙是中国古代图腾的综合，每个组成部分都来源于自然界中的动物（牛首、鹿角、蛇身、鱼鳞、凤爪）。

（二）仿生学法分类

1. 形态仿生

形态仿生主要研究自然界中各种事物外部形态及其象征寓意，并将其应用于产品设计之中。形态的仿生从其模仿事物的逼真程度来看，可分为具象形态仿生和抽象形态仿生。

（1）具象形态仿生

具象形态仿生真实再现比较逼真的事物形态，具有情趣性、可爱性、亲和性、自然性的特征，一般在婴幼儿产品、工艺品、纪念品设计中比较常用。

（2）抽象形态仿生

抽象形态仿生抓住要模仿事物的主要特征，以最简单的形体反映事物本质特点，使人在心理上找到类似的认同。抽象的仿生形态虽然在形象的表现上，线条非常简洁，但在所传达的意义上具有高度的概括性，象征内敛变化的线条使观看者能自由展开联想，赋予设计以不同的理解。抽象的语言是仿生产品生命力的象征，在现代大量的产品设计中都应用此方法，以达到产品语意展现的要求。并且，抽象形态更适合现代产品的生产工艺，它能节约时间，降低成本。

2. 功能仿生

概括地解释，功能仿生设计就是引用自然界中物质存在的功能原理进行产品创新的方法。

仿生学的设计思想是建立在自然进化和共同进化基础上的科学。生存在自然界中的各类生物，在数亿年的生存考验中，为适应复杂环境进化得非常完美，为我们今天解决难题提供了大量支持。

3. 结构仿生

结构仿生法主要研究自然界中各物质内部结构的原理，并将其合理地应用在产品设计中。在实践中被研究最多的对象是植物、昆虫、海洋生物的形态、机理、骨骼结构。结构仿生设计的程序是在感性认识的基础上，对形态特点进行系统分析找出特点，简化线条引入设计。

十、思维导图法

思维导图法是英国作家托尼·巴赞（Tony Buzan）发明的创新思维图解表达法。这种分析问题的方式能更深入地挖掘大脑的非线性思维特征，把问题作为核心进行发散式思考，刺激全脑思维进行运转。思维导图法在创作过程中模仿大脑的这种连接加工信息的方式，通过图解的形式把各个信息点呈发散式展示出来，发散思考的是设计的主题，其他的分支关系都是与设计相关的要素，这种方式能形成设计师从点到面的思考方式，建立立体的思考模式，有效地把与设计主题相关的各要素联系起来。

（一）思维导图法的作用

在设计过程中，利用思维导图法进行思考具有以下作用：

1. 有利于拓展设计师的思维空间，帮助设计师养成立体性思维的习惯

思维导图法强调思维主体（设计师）必须围绕设计目标从各方面、各个属性、全方位，综合、整体地思考设计问题。这样设计师的思维就不会局限于某个狭小领域，造成思考角度的定式以及思考结果的局限性、肤浅性。

2. 有利于设计师准确把握设计主题，并有效识别设计关键要素

思维导图可以帮助设计师从复杂的产品相关因素中识别出与设计主题相关联的关键要素，通过分析和比较各项因素的主次、强弱，从而形成完整、系统地解决设计问题的思路图，帮助思维主体（设计师）透过复杂零乱的事物的表面去把握其深层的内在本质。

3. 有利于设计交流与沟通

思维导图将隐含在设计事物表层现象下的内在关系和深层原因通过其特征比较和连接，以简洁、直观的方式表达出来，使受众可以迅速、准确地理解设计师思考问题的角度、范围，增强设计方案的说服力。

（二）思维导图的制作

托尼·巴赞在其著作《思维导图——放射性思维》中，对思维导图的制作的规则进行了详细的归纳和总结。根据托尼·巴赞的研究以及国内有关专家对思维导图所做的相应研究，思维导图的制作可以参考以下三点：

1. 突出重点

中心概念图或主体概念应画在白纸中央，从这个中央开始把能够想起来的所有点子都沿着它放射出来；整个思维导图尽可能使用图形或文字来表现；图形应具有层次感，思维导图中的字体、线条和图形应尽量多一些变化；思维导图中的图形及文字的间隔要合理，视觉上要清晰、明了。

2. 使用联想

模式的内外要进行连接时，可以使用箭头；对不同的概念的表达应使用不同的颜色加以区别。

3. 清晰明了

每条线上只写一个关键词；关键词都要写在线条上；线条与线条之间要连上；思维导图的中心概念图应着重加以表达。

（三）思维导图法的 12 项原则

1. 通感（Synaesthesia）

把要记忆的事物与视觉、听觉、嗅觉、味觉、触觉结合，让你充分感受到那"东西"活生生地出现在你的脑海里。

2. 动作（Movement）

动作是生命力的源泉，也容易引起大脑的兴趣。

3. 联想（Association）

依据事物的关联性联结在一起，循着蛛丝马迹不但容易记忆，且数量惊人。

4. 性感（Sexuality）

大自然生命的延续靠的就是这个，以健康的心态，将它与事物连接在一起，有助于引起兴趣，记忆当然深刻。

5. 幽默（Humor）

幽默有助于心情的放松，许多脑力潜能开发的书籍都强调脑波在 α 波时学习最有效率。轻松幽默时，脑波很容易进入 α 波状态。

6. 图像化（Imagination）

多年不见的朋友，或许已忘了他的名字，但长相特点应该还记得。因此，将事物图像化能让你保有长期的记忆。

7. 量化（Number）

清楚事物的数量。例如：小时候，父母要我们到商店买东西时，最后都不忘再叮嘱一句："总共是六样东西，别忘了！"

8. 象征（symbolism）

象征的表现效果是：寓意深刻，能丰富人们的联想，耐人寻味，使人获得意境无穷的感觉；能给人以简练、形象的实感，能表达真挚的感情。

9. 色彩（Color）

色彩不但能凸显重点所在，并能表达情绪。同时，越与实际生活接近的事物，越容易被头脑接受。你的世界是彩色还是黑白的？

10. 顺序（Order）

按照顺序的先后排列，有助于连接的贯穿。

11. 积极（Positive）

积极向上、活泼开朗的心态，对事物产生浓厚的兴趣，正是成功人士的特点之一。

12. 夸张（Exaggeration）

夸张能带来幽默的效果，并使事物特征凸显，在脑海里留下深刻印象。

十一、其他方法

（一）功能模拟法

基于控制论而产生了一种功能模拟法，这种方法不仅是模拟法发展的新阶段，也是现代科学进行整体研究的重要途径。功能模拟法与其他模拟法不同，其特点主要体现在以下方面：

第一，功能模拟法的基础是行为相似，行为在控制论中被定义为在与外部环境的相互作用中所表现出来的系统性的整体应答，也就是说行为是一个系统最根本的内容，系统相似最重要的就是行为相似，因此，在构建模型的过程中，实现两个系统间的行为等效是功能模拟的最终目的。在控制论看来，行为是一个客体所表现出的外部特征，其可被人类所探知，这一定义赋予了行为普遍性的特征，一方面为功能模拟法的广泛运用奠定了基础；另一方面实现了智能的机械模拟，将人的智能活动与技术装置连接在一起，使其产生行为的相似性。

第二，模型本身成为研究的最终目的，这是功能模拟区别于一般模拟的根本性的特点。对于传统模拟来说，构建模型只是为了获取原型的信息、把握原型的特点，也就是说在传统模拟中，模型只是方便实验研究的一个手段。如欧内斯特·卢瑟福构建的原子的太阳系模型，其仅是为了方便研究原子结构，模型本身不具有任何意义。而对于功能模型来说正好相反，在控制论看来，其最终的目的是要构建具有生物目的性行为的模型机器，因此，功能模拟是一种以行为为基础，以功能为目的的模拟方法。

第三，功能模拟遵循的是由功能到结构的认识路线，不同于一般模拟的从结构到功能，功能模拟是以把握整体的行为和功能为基础，其对结构知识并没有先行的要求，但这并不意味着功能模拟否认了结构决定功能的这一理论，只是在把握了行为和功能的基础上才向结构过渡，也就是说，功能模拟并不是局限于研究事物的某一行为或功能。以智能的机械模拟为例，通过功能模拟建立了人的智能活动与技术装置的行为相似性，完成了行为和功能的研究，在研究的过程中发现了神经系统中存在着反馈回路，由此便开始进行脑模型和神经结构的研究。功能模拟是通过对行为的研究而把握其结构和性质，在研究过程中暂时撇开了系统的结构、要素及属性等特征，这种方法对于研究结构复杂的客体来说具有绝对的优势，同时在缺乏客体结构知识的情况下，功能模拟的行为研究对我们把握客体就有了根本性的意义。对于控制论来说，实现智能的机械模拟是其根本技术任务，而要完成这一任务就必须找到人与机械装置之间存在的一致性，如果从质料和性质入手，很难提取到两者之间存在的相关性，这对智能机器的发明是毫无帮助的；此外，如果从结构入手，因为人的大脑仅大脑皮层就有约 140 亿个神经元，而且神经元的树突和轴突之间存在异常复杂的联系，要在这高度复杂的智能活动中找出两者之间在物质结构上的相似性是不可能实现的，因此，要想从结构上把握智能活动几乎是不可能的。那么从行为上看，技术系统和生物系统基于反馈回路都具有自动调节和控制的功能，这就找出了人与机械装置之间的相似性和关联性，在此基础进行研究便可实现智能的机械模拟。因此，要想实现控制论的智能机器目标，可将研究对象放在行为上，暂时忽略结构和其他要素，因为行为指向的是系统与环境在相互作用中所表现出来的整体存在，那么从行为的角度进行研究便可实现系统与环境整体联系的功能。功能模拟法还为仿生学、电子计算机、人工智能学以及神经生理学、心理学、思维科学、社会学等众多的学科提供了新的研究方法，开辟了新的研究途径。

（二）借用专利法

借用专利法主要指借用专利的构思进行设计开发的一种创新问题解决方法。专利文献是创造发明的一个巨大宝库。善于有效地借用专利文献，是取得创造性思维成功的一条重要途径。

借用专利的思维方法主要有四种：

第一，通过调查专利进行创造性思维。

第二，综合专利内容和思维方法进行创造性思考。

第三，寻找专利空隙进行创造性思考。

第四，利用专利知识进行创造性思考。

（三）发散思维

1. 发散思维的含义

发散思维又称"辐射思维""放射思维""多向思维""扩散思维"或"求异思维"，是指从一个目标出发，沿着各种不同的途径去思考，探求多种答案的思维，与收敛思维相对。不少心理学家认为，发散思维是创造性思维的最主要特点，是测定创造力的主要标志之一，在创意发生阶段主要采取这一思维形式。

发散思维是指人们在进行创造活动的过程中，以问题为核心，在已有信息的基础上，从不同的角度和不同的方向进行思考和探索，进而获得多种解决问题的办法和方案。因此，发散思维又被称为跳跃式思维或非逻辑思维。

作为一种开放的、不断发展的思维方式，发散思维会基于信息库中的所有信息，运用不同的组合方式形成众多的组合方案，在思维发散的过程中，人们会产生一些奇特的想法或念头，并以此为契机将思维引向新的方向，因此，发散思维具有多向的、立体的、开放的特性，其引导着人们从不同的角度去思考和探索。

作为发散思维的一种基本形式，求异思维对于开发和创造新产品来说是至关重要的。

求异思维旨在寻求标新立异、与众不同，其是从多方面、多层次的角度去思考问题，以探索出多种解决问题的方案。求异思维的特点在于综合运用各方面的知识，以突破已知范围，在不依常规的基础上寻求变异，围绕问题这个中心点将思路向外扩散，在发散的过程中不断探索，擦出思维的火花，以寻找解决问题的新触点和新途径，将思维不断地引入新的研究对象和研究内容中。求异思维中的"异"既指向思维目标，同时也指向思维方式，其要求认知主体应具备独立思考、敢于冒险和勇于开拓的精神，以在创意和创造中获得成功。

2. 发散思维的表现形式

发散思维的主要表现形式分为以下两种情形：

（1）多元发散

即针对一个设计问题的解决提出尽可能多的设计构想扩大选择的余地，使设计问题圆满解决。

（2）换元发散

即灵活变化影响设计物的质或量的诸多因素中的一个因素，衍生新的构想。这种形式有利于克服思维惰性，突破思维定式，得到成果。在提出设想的阶段更有重要作用。

3. 发散思维的特征

发散思维有流畅性、变通性、独创性、多感官性等四个不同层次的特征。

（1）流畅性

指发散的量，对刺激能很流畅地做出反应的能力。

（2）变通性

指发散的灵活性，能随机应变的能力。

（3）独创性

反映发散的新奇成分，指对刺激能做出不寻常的反应。

（4）多感官性

充分利用多个感官接收信息并进行加工。

思维的流畅性多指思维发散的个数，在短时间内产生的想法和概念越多，思维的流畅性越好；变通性是指在一定时间内表达的概念种类，种类越多代表思维的变通性越好；独创性则是指个体产生想法和观念的新颖性，其是以发散的"新异"为指标。多感官性能够激发兴趣，产生激情，把信息情绪化，赋予信息以感情色彩，极大地提高了思维发散的速度和效果。发散思维测验是对个体发散思维能力的评定，其基本形式包括思维测验和创造力测验。目前，广泛使用的发散思维测验主要有托米斯创造思维测验、芝加哥大学创造力测验及南加利福尼亚大学发散思维测验等，这几种测验方式是最具影响力且便于操作的。

（四）形象思维

作为一种相对独立的特殊思维形式，形象思维以表象为载体，不同于动作思维的实际操作和逻辑思维的抽象要领，它在进行分析、加工、综合、变换及概括与组合的过程中常是以表象的形式展示出来。依据表象的概括程度，形象思维可分为两类，一类是幼儿时期较低水平的形象思维，通常也被称为初级水平的形象思维，这类思维的特点是个体在进行思维的过程中常常依赖于具体事物的形象或表象，且表象的概括程度较低；另一类是成人所具有的高级水平的形象思维，人们在表达或把握某种思想、观念或理论时常会运用概括程度较高的一般形象或典型形象来进行。此外，高级水平的形象思维也有利于我们发现和掌握事物的本质特征。因此，在文学艺术工作和创造活动中，形象思维占据着主导地位。但研究表明，对于科学创造活动，形象思维也起着非常重要的作用。形象思维作为一种特定的思维来认识事物和进行创造。爱因斯坦认为，利用形象（意象）进行再生和组合，"似乎是创造性思维的主要形式"。他在谈到自己思维过程的特点时说："在我的思维机构中，书面的或口头的文字似乎不起任何作用。作为思想元素的心理东西是一些记号和有一定明晰程度的意象，它们可以由我'随意地'再生和组合……这种组合活动似乎是创造性思维的主要形式。"从脑科学的进展来说，已发现形象思维是大脑的右半球承担的。

（五）价值工程法

所谓价值工程法是以提高产品价值为目的，通过发挥集体的智慧和有组织的创新讨论活动对产品或服务进行功能分析，强调以最低的成本实现产品必要功能的一种方法。它本质上是一种科学的管理技术。

在产品设计开发过程中，运用价值工程法一般围绕与产品有关的七个基本问题进行讨论：①目标产品是什么？②产品将如何使用？③成本是多少？④价值是多少？⑤有其他的设计方案实现这个功能吗？⑥新的设计方案成本是多少？⑦新的设计方案能满足要求吗？

因此，价值工程法就是发现问题、分析问题和解决问题的过程。价值工程法的一般程序为：①选定产品；②收集产品相关信息；③进行功能分析；④提出改进方案；⑤分析评价方案；⑥实施方案。

（六）技术关联分析预测法

技术关联分析预测法是投入产出法在技术预测中的应用。应用该法首先要确定技术分析项目，其次是明确项目中各要素之间的关联程度。一般来说，一项技术都是若干要素的集合体。以一个部件来说，就包括材料、创造技术、加工工艺，等等。因此，运用技术关联分析预测法应按如下步骤进行：①调查该项技术由哪些要素组成；②弄清各技术要素之间的关联度；③以关联度与现状做比较预测今后的发展趋势，对以后的发展起到较好的指导作用。

（七）科学幻想法

科学幻想本身是一种可认知的地图，是一种依靠把未来学家的技术和创造性的想象力糅合成一体来捕捉现实世界的另一条途径。无法精确阐明这一点是怎样做到的，它包含在这一行技艺的本性之中。与此有关的是使用相关逻辑、非线性感知方式，以反对主题的全局性的理解。科学幻想的作者把社会形式、行为方式和物质因素纺织成一幅图案、一个整体，在最好的情况下，这幅图案能和我们经验世界的色度一致。用这种方式把各种趋向和进程关联起来，依照不同于未来学家所用的过分简化的模型的方法做出预测。

（八）梦想法

梦想法亦称灵感法，其实质是把人的梦想通过孜孜不倦的努力变为现实。该法基本过程包括三个阶段：①尽量想出对人类有最大贡献的梦想。可自问自答。自问："什么是可为人类做的最有意义的事？什么是人类所需要的？假如我可以创造，我将选择什么？"自答是"应该选择自己永远感兴趣的事"。②围绕自己考虑问题。孜孜不倦地阅读有关书籍、研究和思考问题。③缩小梦想范围，使梦想成为现实。即经过第二阶段长期的深入研究和实验，把梦想中不现实的东西舍弃，使梦想现实化。梦想法实质上是人通过长期努力实现远大理想的一种方法。该法成败主要取决于第一和第二两个阶段。该法对于科学家确定研究某一重大课题和做出重大科学发现极为重要。该法之所以亦称灵感法，是因为很多重大科学发现、发明、创造从成功瞬间看常常是长期困惑不解而得之于一时灵感所致。

（九）偶然联想链法

偶然联想链法是创造学的一种方法，这一方法的实质是：从联想的新组合中获得启示，形成大量解决问题的新观念。该法以联想（相似联想、接近联想、对比联想、关系联想）、隐喻（相似隐喻、对立隐喻、疑谜隐喻）和概念（词）为基础，要领为联想和隐喻的手段。

（十）趋势外推法

在进行预测时，把已知的量按年、季、月等时间顺序排列起来构成一个序列，然后利用过去的变化来推测今后的变化，这种方法称为趋势外推法。它适用于时间不太长的预测。应用此法的关键在于已知的事实和数据是否客观与可靠，然后才能根据过去的与当前的发展趋势，参照有关条件，进行外展推断，得出预测的结果。应用此法时应注意以下三点：

第一，根据分析过去的实际值，从中发现规律性。

第二，对于过去年度出于不正常的原因（如地震）所造成的数据变动应剔除不计。

第三，进行经济预测时，要考虑到运动的多变性，预测期不宜过长，一般不宜超过2年。

（十一）情景描述法

情景描述法是依据现有的情况，以电影脚本的形式综合描述未来发展可能性的一种研究方法，因此，情景描述法又被称为"脚本"法，最初运用于政治及军事方面的研究，后来拓展到经济及科技预测领域。

情景描述法具有以下特点：第一，该方法是基于专门的预测结果，综合考虑可能出现的偶然变化因素，进而描绘出未来大概率会发生的图景，因此，情景描述法并不只局限于研究一种发展途径，而是通过彼此交替的形式将未来可能发生的各种各样的途径描绘出来；第二，情景描述法所描绘的是未来某一时刻的动态发展图景，而不是静止的图景；第三，情景描述法不仅能从长期的角度描绘出未来可能发生的多种可能性，同时也能清晰地展示出其中所存在的特征性现象；第四，情景描述法是基于当时的社会、经济及政治等因素而刻画出的发展可能性，因此，更有利于人们理解相互之间的联系，对制订问题解决的方案起着积极的促进作用。

（十二）十进位探求矩阵法

十进位探求矩阵法是创造学的一种方法，亦称 10×10 型矩阵法，是苏联的波维莱科 1976 年正式提出的，发表于 1977 年出版的《工程创造》一书中。这一方法的特点是：

有步骤地利用 10 种创造学技法与 10 项技术系统基本指标中的一项指标进行组合，形成 10×10 型矩阵，从中获取新的思路以探求新的解决方案。10 项基本指标是：①几何指标；②物理和机械指标；③能量指标；④设计工艺指标；⑤可靠性与寿命指标；⑥使用指标；⑦经济指标；⑧标准化与统一化程度指标；⑨使用方便与安全指标；⑩美术设计指标。10 种创造方法是：①迁移——把某一技术系统的基本指标转用于另一技术领域；②适应——把已知的过程、结构、形式、材料应用到新的具体条件时，予以适应性改变；③倍增——增加基本指标；④分化——把基本指标分解、细化等；⑤统合——把基本指标相加、联结、混合、统一等；⑥反向——使顺序相反、转向、颠倒等；⑦瞬变——把基本指标做瞬间颜色改变及其他指标在时间性上做动态变化；⑧动态化——使重量、温度、尺寸、颜色及其他指标在某些方面相似；⑨类比——寻求和利用某技术系统与已知系统的指标在某些方面的相似；⑩理想化——使技术系统的指标接近理想值。10 项基本指标与 10 种创造方法形成 10×10 型矩阵，矩阵每一小格形成一个组合，但这种组合方格并不是一个现成技术方案，而是帮人们产生联想，探求新观念的一种形式。

（十三）系统综合分析法

系统综合分析法的特点是先综合后分析。该法主要包括两个主要环节，即系统综合和系统分析，这两个环节又细分为四个阶段：第一，将所要研究课题的各种因素、知识和信息列举出来；第二，通过编组将所有的因素、知识和信息汇聚成各种方案；第三，对所形成的方案进行评价；第四，在所有方案中选出一至两个最优方案。以座钟为例，在运用系统综合分析法研究时，首先从座钟的四个构成部分入手，即时间轴因素、能源、传递机构及时间指示装置，列出这四个构成部分的所有相关因素：时间轴因素包括发条、音叉、交流电及钟摆等；能源因素包括充电池、交流电及干电池等；传递机构包括齿轮、皮带、滑轮及电子传递电路等因素；时间指示装置主要包括水平刻度盘指示、数字指示、长短针等各种指示因素。其次通过编组将这些因素整合起来形成方案；然后进入分析评价阶段，在评价过程中要注意标准的制定，不同的研究课题对应不同的评价标准，通常情况下会采用评分的形式对方案进行评价。例如，对座钟的方案进行评价，就要根据市场情况、成本、研制的难易程度、销售方式、制造技术、工艺、设备等标准进行评分，最后得出各种方案的综合分，形成综合分数表，从中优选一两种理想方案。

（十四）独创法

独创法强调个性的表现，艺术作品，如果没有独特的个性特征，则容易流于平淡、落入俗套。个性表现是艺术的生命力所在。

创意思维就是要不断进行创新，让思维超越常规，标新立异，追求与众不同。创新不仅表现在艺术风格、艺术形式及艺术表现上，同时对于艺术的内涵也要追求独特性，通过另辟蹊径以赋予作品最新的性质和内涵。拥有创意思维的艺术家不会安于现状，其在看到、听到甚至接触到某个事物时都会让自己的思维向外拓展，在追求外在形式创新的同时丰富作品的内在意境。

艺术思维最重要的特点就是灵活多变，艺术家能想到的思维基点越多，表明其思维的要素就越丰富，这在一定程度上不仅有利于艺术家开拓创新思路，也有助于提升作品的创意程度。那些遨游在思维空间的基点能引导艺术家从众多思路中寻找出最优、最新的方案。

（十五）废物利用法

随着人们生活范围的扩大、生活水平的提高，消耗也越来越大，废物也就越来越多。废物处理已经成为人类的一大难题，它关系到生态平衡、环境保护等诸多方面。在创造性思维中考虑到废物利用、变废为宝这些因素将会大大增加创新的价值。

（十六）简核目录法

每一个设计、每一个创新都包含了很多方面的内容，简核目录法就是针对某一方面的独特内容，把创新的思路有逻辑地归纳成一些用以简核的条目，使思路系统化，克服天马行空的遐想，有效地帮助我们突破原有设计而进入另一个新境界。它的缺点是一般难以取得很大的突破，在改良产品设计等方面运用得比较多。

（十七）从有法到无法

创意思维的方法有很多种，我们在学习中要不断揣摩和体会，不断总结经验，将各种方法融会贯通，灵活运用，学会这些方法后，再从中跳出来，不拘泥于定法，灵活运用造型形式美的规律，才能创作出好的艺术作品。

第二节 产品创意思维的训练

一、诱导创意的训练

艺术创作是基于具体的形象或形式而进行的，因此，在创意思维训练的过程中，可以结合具体形象或形式的特点进行诱导性的提示，我们将其称为诱导创意训练。如在艺术创作中，我们可以选择与主题相同或相近的对象，通过类比的方法加以诱导提示，进而增强视觉艺术思维的效果；在处理形象的构成方面，可以运用不同的方法以促进新形象的产生；在培养视觉艺术思维的过程中，有目标的诱导是至关重要的，其能帮助创作者开辟一个新的创作途径。

（一）从题材选择方面进行诱导

第一，选择什么题材——古今中外、民间艺术、自然景观、科学技术等。

第二，从什么角度选择题材——人类思想意识、自然形式美、科技动态、艺术原理、信仰、生活礼仪、民俗事象等。

第三，反映什么风格——古典、现代、幽雅、浪漫、自然、前卫、奇特、梦幻、乡俗、田园等。

第四，展现什么情感——热情、开朗、欢乐、豪放、奔涌、忧郁、悲伤、痛苦、自豪等。

（二）从形态处理方面进行诱导组合

用什么材料、什么形象、什么素材、什么方法、如何组合、组合的秩序、组合的部位等。

第一，渐变——色彩的渐变、色调的渐变、形态的渐变、大小渐变、粗细渐变、造型渐变、结构渐变等。

第二，添加——添加的内容、添加的形式、添加的大小、添加的次数、添加的长短、添加的厚薄、添加的疏密等。

第三，简化——减去什么、化整为零、简洁、缩减等。

第四，打散重排——结构打散重排、色彩打散重排、线条打散重排、形象打散重排、材料打散重排等。

第五，颠倒——位置颠倒、组合颠倒、材料颠倒、主次颠倒、内外颠倒、形态颠倒、步骤颠倒等。

(三) 从各种因素的类比方面进行诱导

第一，综合类比——排除事物之间复杂的表面现象，找出它们相似的特征进行综合的类比。

第二，直接类比——在自然界和人造物中直接寻找与创作对象相类似的因素做出类比。

第三，拟人类比——将创作的对象进行"拟人化"处理，赋予其感情色彩。

第四，象征类比——借助事物形象或符号进行抽象化、立体化的形式类比。

第五，因果类比——在两种事物、两种形象之间可能存在的因果关系中进行类比。

根据这些有意识的提示以及具体的思维途径，在进行艺术创作时对此加以分析、探讨，不要忽略任何一个小的细节和相关的因素，从中做出正确的判断和评价，选择那些具有挑战性的、最富美感的思路进行进一步的创作。

二、创意思维训练的种类

(一) 标新立异与独创性训练

在视觉艺术思维的领域中，艺术的创作总是强调不断创新，在艺术的风格、内涵、形式、表现等诸多方面强调与众不同。不安于现状、不落入俗套、标新立异、独辟蹊径，这些都是艺术家终身的追求。标新立异是创意思维中一个非常独特的方法。当设计师在创作中看到、听到、接触到某个事物的时候，尽可能地让自己的思绪向外拓展，让思维超越常规，找出与众不同的看法和思路，赋予其最新的性质和内涵，使作品从外在形式到内在意境都表现出作者独特的艺术见地。

不断创新是视觉艺术的永恒追求，创新不仅表现在风格、形式及表现力等方面，还强调内涵的标新立异，让思维超越常规，赋予作品最新的性质和内涵，在寻求与众不同的基础上丰富作品的内在意境，这是艺术家的终身追求，同时也是艺术创作的高级形态。作为创意思维中的一个独特方法，标新立异要求设计师应不安于现状、不落入俗套，在面对某个事物时，应从多方面拓展自己的思维，找出与众不同的看法和思路，进而丰富自身的思维战术，在进行艺术设计时不被既定思路所限制，以一种灵活多变的形式实现思维基点的跳跃。

视觉艺术创作包括多个要素，如风格、流派、图案、色彩及材料等，而这一个个要素就代表了思维空间中的基点，在基点不断增多的同时创新思路的大门也随之打开，也就是说，多一个思维基点我们就多了一条创新的思路，进而为设计师提供了多种选择。

个性表现是艺术的生命力所在，因此，任何一个艺术作品，都必须有属于自己的独特个性，如果缺乏个性，则容易落入俗套。那么在进行视觉艺术思维训练的过程中，要想追求标新立异，就要突出个性的表现，这是一个艺术作品最起码的内涵。每个个体对艺术的感受都是不同的，因此，对于同一个艺术形象不同的人会产生不同的审美体验，这就赋予了艺术作品不同的个性特征。

不同的画家在面对同一对象进行创作时，所绘制的作品是各不相同的，这是因为每个画家都有自己独特的心灵感受和审美体验，进而会产生不同的思维形式，这就导致最后呈现出的作品有着不同的艺术特性。视错觉和矛盾空间造型是视觉艺术思维训练中常用的两种方法。视错觉又被称为错视，其是指在特定条件下由于外界的刺激而引起的感觉上的错觉。比如，我们坐在静止的火车上，而位于同侧的另一列火车刚刚开动，这时我们会误以为自己所乘坐的列车开动了。运用错视觉思维法可以帮助我们丰富作品的艺术效果，提高人们的兴趣度。在日常的艺术创作中，人们通常会选择比较符合常规的视觉形象，但是这种艺术作品给人的感觉总是一板一眼的，时间一长人们便会产生厌恶的心理。那么在平面设计中引入视错觉方法，一方面可以丰富作品的表达形式，另一方面也体现出了与众不同的创作思维。在运用错视觉思维法进行创作时，我们可以利用线条的方向、图形大小的对比及图的反转等方法以使人产生一种非自然的视错觉，进而给人带来新颖、独特的艺术体验。

此外，矛盾空间造型也是视觉艺术思维训练中的主要内容。矛盾空间是指在平面空间中，运用独特的表现手法以展示出具有立体感的幻觉空间，其作为一种复杂的视觉艺术思维，被广泛应用于产品设计领域中。运用矛盾空间造型设计出的作品，初看是完全合理的形态，但是通过仔细观察我们却能发现其中所蕴含的许多不合理的矛盾空间形态，这在一定程度上增添了作品的趣味性和独特性。

（二）侧向与逆向思维训练

逆向思维是超越常规的思维方式之一。按照常规的创作思路，有时我们的作品会缺乏创造性，或是跟在别人的后面照搬照抄。当你陷入思维的死角不能自拔时，不妨尝试一下逆向思维法，打破原有的思维定式，反其道而行之，开辟新的艺术境界。依照辩证统一的规律，我们进行视觉艺术思维时，可以在常规思路的基础上做逆向的思维，将两种相反的事物结合起来，从中找出规律。也可以按照对立统一的原理，置换主客观条件，使视觉艺术思维达到特殊的效果。

在日常生活中常见人们在思考问题时"左思右想"，说话时"旁敲侧击"，这就是侧向思维的形式之一。在视觉艺术思维中，如果只是顺着某一思路思考，往往找不到最佳的感觉而始终不能进入最好的创作状态。这时可以让思维向左右发散，或做逆向推理，有时能得到意外的收获，从而促成视觉艺术思维的完善和创作的成功。这种情况在艺术创作中非常普遍。

从古今中外服装艺术的发展历程中可以看出，时装流行的走向常常受到逆向思维的影响。当某一风格广为流行时，与之相反的风格即要兴起了。如在某一时期或某种环境下，人们追求装饰华丽、造型夸张的服饰装扮，以豪华绮丽的风格满足自己的审美心理。当这种风格充斥大街小巷时，人们又开始进行反思，从简约、朴实中体验一种清新的境界，进而形成新的流行风格。现代众多有创新意识的设计师在自己的创作理念上，往往运用逆向思维的方法进行艺术创作。"多一只眼睛看世界"，打破常规，向你所接触的事物的相反方向看一看，遇事反过来想一想，在侧向—逆向—顺向之间多找些原因，多问些为什么，多几个反复，就会多一些创作思路。在艺术创作过程中，运用逆向思维方法，在人们的正常创意范畴之外反其道而行之，有时能够起到出奇制胜的独特艺术效果。

（三）超前思维训练

超前思维作为人类特有的思维形式之一，其在视觉艺术中的应用不仅能有效提升艺术创作的水平，也为设计师提供了一个创作思路。超前思维是基于客观事物的发展规律，融合现阶段多方面的信息，以对未来的发展趋势做出预测，同时通过推断和构想以描绘出未来的发展图景。也就是说，超前思维是人类面向未来所进行的思维活动，一方面能指导人们调整当前的认识和行为，另一方面也能促使人们积极地开拓未来。超前思维不仅在艺术创作领域有着独特的优势，同时在社会发展的许多领域也做出了卓越的贡献。对于视觉艺术思维训练来说，开展超前思维训练是至关重要的，一方面能帮助创作者更深入地理解和掌握超前思维的规律，另一方面也能极大地推动艺术创作向前发展。进入 21 世纪后，科技实现了迅猛发展，而艺术创作作为艺术与科学有机结合的产物，与现代科学技术的融合已经成为必然的发展趋势，只有实现高水平的超前思维活动，才能取得高水平的艺术创造。

人们在进行艺术创作之前，会基于创意的需要对客观事物进行认识和分析，这也就决定了视觉艺术的超前思维必定会有一个发生、发展的过程，这一过程主要体现在以下方面：第一，以主观愿望为动机引起超前思维；第二，以超前思维引导思维活动，并在此基础上主导相应的行为活动。对于设计师来说，超前思维的形象联想、艺术想象是实现新领域开拓的重要方式，虽然在这些想象和联想诞生后可能在很长一段时间内会被人们认为是荒诞的幻想，但是随着时间的推移，这些幻想终究会变成现实，而在幻想变成现实的过程中，社会乃至整个世界都会实现进步和发展。

艺术是基于具体的形象而展示出来的，因此，超前思维与艺术创造的融合也必定是通过形象来反映和描绘世界的。对于现代艺术创作来说，实现与社会生活的联系是至关重要的，而超前思维能够帮助我们在创作的过程中积极主动地面向未来，使我们在幻想中获得思路，在幻想中实现创新。

（四）深度与广度的训练

全方位、多角度地看问题指的就是思维的广度。若将问题放在立体空间中，就可以从不同的角度和层次全面地分析问题，而这正是人们常说的立体思维。在视觉艺术思维训练中，立体思维是常用的一个方法，它可以让人们全面地分析和看待问题，从不同的角度思考问题，有时还需要人们打破思维惯性，做出大胆的构想，而这非常有利于人们形成新的创作思路。

视觉艺术思维的广度可以从造型、取材、组合及创意等不同的方面体现出来。无论是东方文化还是西方文化，无论是宏观世界还是微观世界，无论是传统思想还是现代观念，它们都可以成为视觉艺术创作的灵感来源。思维的广度对于现代视觉产品设计显得尤为重要。一件艺术作品的诞生除了要依靠专业的艺术知识，还离不开其他学科的大力支持。以环境产品设计为例，设计师除了要具备良好的艺术素养，还需要具备一定的数学、历史、建筑学、人文、环境保护及人体工程学等不同方面的知识。

思维的深度是指人们在思考问题时要从事物的内部出发，找到问题的关键所在。这意味着人们要由表及里、由浅入深地思考问题，艺术创作能否取得成功与思维的深度有着直接的关系。

在艺术创作的过程中，人们要善于发现事物的本质，用辩证的方法看待问题，不应拘泥于事物的表象。而视觉艺术思维更是如此，这点从不少成功的艺术范例中都可以看出来。视觉艺术的重点在于塑造出符合审美的形象，在进行形象塑造时，除了要呈现出事物的表象，更重要的是要表现出事物的精神内涵。

在视觉艺术创作的过程中，最重要的就是要表达出作品的思想内涵，要想让观赏者感受到艺术作品的魅力，并与之产生共鸣，就要保证艺术作品有一定的深度。通常情况下，当艺术作品有着良好的艺术表现力和较深的思想内涵时，就意味着作者的思维已经到达了一定的深度。

（五）灵感捕捉训练

设计思维也被称为灵感思维。"灵感"一词来自古希腊文，意思为神的灵气。人们在创造过程中产生的最有创造性的思维指的就是灵感思维。逻辑思维为灵感思维提供了基础，大脑经过长时间的逻辑思维积累，会潜移默化地将其成果转换成潜意识的思维，而潜意识的思维会在结合脑中已有的信息之后迸发出新的灵感。从现代设计的角度看，灵感思维被看作是一种高级的思维方式，它的形成涉及人的艺术修养、思维定式、气质性格、思维水平及生活阅历等不同方面。

在视觉艺术思维中常常会看到灵感思维的身影。人们在进行创作活动时会在不断思考之后突然迸发出某种想法，或是在某种因素的刺激下顿悟，产生全新的认识；各种全新的思路、概念、发现和形象纷至沓来，让人豁然开朗，这就是灵感。灵感的出现标志着人的智力又上了一个新的台阶。灵感可以随时在文学家、艺术家及科学家的脑海中迸发出来。

灵感思维往往处于人们的思维深处，它的出现不受人为控制，常常伴随着很多偶然因素，因此，人们要努力地为灵感的出现创造更多的条件。这就意味着人们要对灵感思维的基本规律有所了解，除了要了解灵感的各种特征，如跳跃性、不连贯性、突发性、不稳定性、迷狂性等，还要不断学习各方面的知识，这样才能随时准备好迎接灵感的出现。灵感不是凭空而来的，不断地观察、探索和思考，再加上辛勤的付出，是触发灵感必不可少的条件，灵感就像是努力劳动之后得到的奖赏。此外，灵感是稍纵即逝的，所以人们要及时抓住那些一闪而过的灵感火花，并将这些小小的火花变成可以燎原的智慧之火。其实不少艺术家在创作过程中都有灵感迸发的体验。例如，肖邦的小猫随意地走在他的钢琴键盘上，这时出现了不少断断续续的碎音，而正是这些碎音给肖邦带来了灵感，《F大调圆舞曲》后半部分的旋律就是根据这些碎音创作出来的，因此，人们也将这首曲子称为"猫的圆舞曲"。此外，还有不少优秀作品也是来自艺术家突然的灵感乍现，这里就不一一举例了。在创作过程中，视觉艺术家会因为某个因素或事件让原本捉摸不透的概念一瞬间变得清晰起来。

（六）流畅性与敏捷性训练

一般来说，思维的流畅性和敏捷性是指思维对外界事物的反应速度。当一个人有着敏捷、流畅的思维时，他常常可以用最短的时间想出多种方法解决问题，做出最正确的分析和判断。

思维的流畅性和敏捷性可以通过训练获得不断提高。例如，美国就对大学生开展了一种名为"暴风骤雨"的联想法训练，该训练的目的在于提高学生思维的敏捷性，让他们用最快的速度做出反应。具体方法是：学生在接受教师的题目之后用最快的速度记录下自己对题目的想法，记录下的想法越多越好，然后再一一分析这些想法。通过研究可以发现，相比于没有受过这种训练的学生，受过训练的学生的思维明显更活跃，并且有着更高的敏捷性。

（七）求同与求异思维训练

可以这样比喻艺术的求同、求异思维，即将人的大脑看作是思维的中心，所有的思维在这个中心点聚集，或是从这个中心点向外扩散。思维的方向性模式就是在此基础上得来的。只有对艺术的求同、求异思维进行相应的训练，才能最大限度地激发人们在艺术方面的潜力，让视觉艺术思维的效率获得不断提高。

求同思维就是将出现在艺术创作中的信息、对象一一收集起来，找到它们的共性。在运用求同思维时，各种模糊的信息和素材是最先出现的，它们并没有明显的特征，也有可能是杂乱无章的。不过随着思维活动的持续深入，创作思路会变得越来越清晰，这时就会凸显出信息和素材的共性，这些拥有共性的信息和素材之间会形成一定的联系，进而为创作提供相应的灵感。

求异思维是以思维为中心点向外扩散，从不同的角度和方向找到创作灵感。若将人的大脑看作一棵树，那么人的思维、想象及感受等就是树枝，树枝的数量越多，树枝间的接触就会越多，可以将树枝间的接触看作是新想法的诞生，不同树枝间的每一次接触都会诞生新的想法。这种模式其实就是人类进行思维活动的模式。人们会对接触过的物体或发生过的事件留下印象，想象力会随着印象的增多而变得更加丰富，随之获得提高的还有人解决问题的能力。常规思维不会给求异思维法带来任何影响，无论是创作的对象还是创作的主题都可以成为思维的中心，它们可以在向外发散的过程中对民族风俗、艺术风格及社会潮流中的要素进行借鉴和吸收，然后将其与自身的视觉艺术思维相结合。可以说，在视觉艺术思维中，求异思维法是非常重要的一种思维形式，它既可以拓宽视觉艺术思维的广度，还能够增加其深度。

在视觉艺术思维中，尽管求同思维与求异思维是两种不同的思维方式，但二者之间是相辅相成的。在创作过程中，可以先使用求异思维搜索各种各样的素材，通过不断想象找到创作的灵感和契机，为艺术创作提供良好的先决条件，然后通过求同思维筛选、分析、判断和归纳所得素材，为创作提供正确的结论。

通常情况下，上述这个过程需要经过不断反复才能完成，只有求同思维与求异思维之间相互转化和渗透，才会有新的创作思路出现。

（八）想象与联想训练

在设计时注重视觉对象与周围环境关系的处理，这种知觉选择性与知觉对象的转化关系在现代视觉艺术的平面艺术中称为图（视觉对象）与地（周围环境）反转。这是对视觉艺术家普遍进行的思维训练之一。最早研究图地转化关系的鲁宾（E.Rubin），他的著名的"Rubin之杯"图形表现的是在一个方形画面中画着一只对称的杯子，如果仔细观察杯子的左右空白部位，则发现是相对着的两人侧面像。随着视觉的转换，杯和人的侧面像相互交替出现，形成特殊的画面。这类图形在视觉艺术作品中被广泛地应用。如染织美术中的"千鸟纹"，广告、装潢艺术中的各种画面等。图地反转变化的理论强调了人们的感觉不是孤立存在的，它要受到周围环境的影响。因此，利用这个方法加以训练，有助于丰富我们的艺术想象力。在此基础上，要求被训练者表达出与众不同、具有独创性的见解。

联想思维是将已掌握的知识信息与思维对象联系起来，根据两者之间的相关性形成新的创造性构想的一种思维形式。联想越多越丰富，获得创造性突破的可能性越大。

联想可以激活人的思维，加深人们对具体事物的认识，联想是比喻、比拟、暗示等设计手法的基础。从设计接受和欣赏的意义上讲，能够引起丰富联想的设计，容易使接受者感到亲切并形成好感。

联想思维主要表现为因果联想、相似联想、对比联想、推理联想等。

因果联想：从已掌握的知识信息与思维对象之间的因果关系中获得启迪的思维形式。

相似联想：将观察到的事物与思维对象之间做比较，根据两个或两个以上研究对象与设想之间的相似性创造新事物的思维形式。

对比联想：将已掌握的知识与思维对象联系起来，从两者之间的相关性中加以对比，获取新知识的思维形式。

推理联想：指由某一概念而引发其他相关概念，根据两者之间的逻辑关系推导出新的创意构想的思维形式。

联想思维具有形象性和连续性特征。

形象性：联想思维属形象思维范畴，因为它的思维过程要借助一个个表象得以完成。就好像电影里的一幅幅静止的画面，最后播放成为完整连续的电影。具有感性、直观的特点，所以这种思维显得主动、鲜明。

连续性：联想思维一般是由某事或某物引起的其他思考，即从某一个事物的表象、动作或特征联想到其他事物的表象、动作或特征。这两种事物之间往往都是存在着某种联系的，继而再以后者为起点展开进一步的联想，直到最终结束。此外，也可能开始和最终的两个事物根本没一点联系，但却被这样一种思维形式联系在了一起，这就是联想思维的连续性特征的反映。

想象是建立在知觉的基础上，通过对记忆表象进行加工改造以创造新形象的过程。一切新的设计都是想象的产物。

想象和感觉、知觉、记忆、思维一样，是人的认识过程，但想象和思维属于高级认识活动，明显表露出人所特有的活动性质。而想象能对记忆表象进行加工改造，从而产生新的形象或从未经历过的事物，甚至能预见未来。所以，人离开思维固然无法创造，离开想象同样不能发挥创造力。

创造性想象对现实的材料进行加工改造，然后产生新形象。这种加工改造的过程，就是想象发挥创造力的过程。但是想象又必须突破过去经验和惯常思维的限制，才可以说是创造性的想象。只是在过去已经存在的设计作品上做一些修修补补的工作，谈不上真正的创造。因此，真正优秀的、富有创造性的设计，总是给人以耳目一新，甚至出乎意料的感受。

创造性想象的方法很多，主要有以下三种：

一是将相关的各种构成要素进行重组，突破原有的结构模式，创造出新的形象。在建筑设计、家具设计等立体设计中，根据新的需要或新的功能要求，对人们已经习惯了的空间分割或组合进行重新安排，即可形成新的设计形象。

二是借助拼贴、合成、移植等方法，将看似不相干的事物结合起来，以形成新的形象。

三是通过夸张、变形等方法，突出设计对象的某种性质、功能，或改变其既有的色彩和形态，以形成新的形象。夸张可以是整体的夸张，也可以是局部的夸张；变形可以是单纯的量的改变，更主要的是质的改变。

夸张和变形不仅可以创造出新颖的形象，而且可以创造出奇特、有趣的形象。

在设计过程中，所谓"创意"，根本上即是创造性想象的代名词。"创意"不单是确立抽象的设计主题，更重要的是设计出独一无二的形象。从这点来看，想象与联想会在设计中发挥不同的作用。联想是在现有事物的基础上创造新的形象，而想象则是打破所有限制进行新形象的创造。

第八章 产品创新设计表达方式

第一节 产品创新设计表达要素

产品创新设计表达的实质就是在二维的平面上或者三维空间内，利用各种表现方法表达设计者构思的三维空间中的立体形态所具有的各种造型要素的视觉特征。在表达过程中，形态、光影、色彩、质感是四个基本表达要素，也是产品设计表达要充分表现的内容。

一、形态

形态是物体最基本的特征之一，也是产品设计表达的首要因素。在产品创新设计表达中，它涉及的是物体不受空间位置限制的那种本质的外部形象。简单来说，形态可以帮助我们认识不同的事物，以至于有时仅通过观看某些物体的局部就可感知到内部的形态、结构。

在平面上表达物体时，最具真实感的产品形象是按照透视图的绘制原理和方法绘制而成的，好的透视是好的设计表现作品的基础，没有好的透视就不会有成功的表现作品。在具体设计表现中，产品的平面表现方法产生的产品外形和轮廓必须符合透视规律，并根据不同的表现对象，合理地选择视距和视角以便表现出产品的真实效果。在三维空间内要实现表现的目的，就是通过各种立体造型方法塑造三维空间内物体所具有的形态特征。

一般一件产品都有 3 ~ 6 个面，各面都具有不同的表达内容，但无论从哪个方向观看，由一个视点能看到的最多只有 3 个面。在二维平面内表现的时候应考虑有选择地表现最能体现产品结构特点或创新特征的面，区分主次关系，依据重要程度排出合理的表现顺序，确定较为理想的观看角度。如对于表现电视机、冰箱、空调等产品，在日常使用中，和人的操纵控制及视觉接触最多的是该产品正视方向的面，这个面自然也就成了设计者突出表现的内容。同时也要根据设计的重点部位的不同对表现面进行调整，如对于一些产品，在创新设计过程中对一些平常与人们接触并不多的局部进行设计，在表现时它就成了表现的重点，要通过各种方式对这部分进行表现。

对于二维设计表现，在确定了要表现的主要面后，就可以根据透视知识，选择使用中较固定的状态、使用距离等来确定透视作图需要的各种参数，进而在二维平面内进行线的描绘。

二、光影

在客观世界里，我们通过光来察觉物体的形态、色彩信息以及区分识别不同事物的形态。没有光，再美的物体也无法被感知识别。产品设计表达中光影的表达侧重于把能表达产品形态特征的光影效果进行归纳提炼，并用程式化的方法表现出来，而对于那些产品上偶然出现的、非常态的、受特殊环境影响而产生的光影效果一律舍去。对于二维的平面表达，特别是手绘表现，这部分尤其重要。只有对单线描绘进行光影效果的辅助才能清晰、真实地表现物体的形态。对于计算机辅助表达，一般的光影效果在三维建模软件中都可以利用工具得到程式化的效果；二维表现软件中则要设计师根据自己的经验通过表现软件进行色彩、明度的处理，使其接近真实的光影效果。

(一) 光源的程式化表现

如果想要真实充分地表达形体的立体感、空间感以及材质，就要准确表现对象的体和面以及充分考虑光线的作用。在表现过程中，对形态产生影响的主要是主光源和环境光，其主要设置参数有入射角度、光的强度和光的色彩。在具体表现时也应从这三方面展开思考。

1. 入射角度

在产品的表现中，光线的设定一般情况下都是程式化的。在表现中对于光源的设定主要有三种：侧向光照明、正向光照明、逆向光照明。

侧向光照明，把主光源放置在要表现的物体前侧上方 45° 角的位置，以斜平行光线投射对象。测向光照明使物体的主要面都受光，而侧面背光，物体的明暗对比强烈、结构分明、体积感强。也是表现物体最经常用的一种光线设置方式。

正向光照明，把主光源放置在物体的正前方，以平行光投射物体。正向光照明时，物体的各面都受光，层次细腻，但空间感不强，而且没有投影现象。这种投射方式在表现物体的立体感和空间感时，效果不是很明显，一般视场合选择使用。

逆向光照明，又称背光，光线是从物体的背面照射过来。逆光照明多用来表现透明或半透明的物体。逆光照射在表现不透明物体时，仅在物体周围产生轮廓，而对透明或半透明的物体产生透射光，显现出后部物体，更好地体现出这种材质的特点。传统的手绘效果图在表现玻璃等透明材质的物体时，通常采用的底色高光法就是逆向光照明的典型效果。

　　最常用的光线入射角度是侧前方 45°，从上至下，这样的光线角度设定可以满足大部分产品的表现要求，也能较好地表现出物体空间感和立体感。但是光线的设定不是绝对的，具体表现时可以根据表现的要求和主题的不同进行灵活变化，塑造更好的表现氛围。

　　2. 光的强度和光的色彩

　　光线的强度看似对整个表现环节没有什么大的影响，但是当光线过弱或过强时就会对表现物体产生直接的视觉感受影响。光线的强度在表现过程中决定了表现物体上的明暗变化和环境的亮度水平以及整个画面的气氛。如日常生活中放在烈日下的红色法拉利跑车和在黑暗环境中的红色跑车，在视觉效果上肯定具有非常大的差异，同时对于产品也会产生不同的感觉。一般在表现过程中只设定一个中等的光照强度来表现物体的真实感，对于有特殊表现要求、特殊表现对象和表现目的时，可以进行光线强弱的变换来产生不同的视觉感受。

　　在具体表现中，一般在表现之初就应在头脑中确定好光线的入射角度、强度以及色彩，然后根据具体的产品细节，确定出产品受光线影响而产生的亮面、暗面、明暗交界线、反光以及投影等，利用这些表现出物体空间感和立体感。

　　（1）亮面的表达

　　亮面是物体正对光源时的面。亮面有三个层次：高光面、主要受光面和次受光面。

　　高光面：高光在物体的表面上，受光最多，反射最强，亮度也最高。它虽然面积很小，但往往出现在物体最突出的部位或形体结构转折处。在色彩处理上，高光的色彩明度最高，纯度较低，色彩主要采用光源色。

　　主要受光面：受光面亮度次于高光面，色彩明度较高，也以光源色为主并显现出物体的固有色。

　　次受光面：半受光面或灰面。它的亮度比主要受光面要低，色彩上光源色成分减弱，固有色成分增强，色相纯度较高。

　　（2）暗面的表达

　　暗面是物体与光源同方向的面，也就是背着光源的面，暗面有三个层次：明暗交界线、暗调、反光。

　　明暗交界线：受光面和背光面的分界线。确定明暗交界线总体的原则是从总体到局部，先确定大形体，再关注小局部。在光线和产品确定的情况下，产品表面的明暗交界线的位置也是固定的，也就是产品表面法线方向与入射光线方向垂直的那一点。

　　暗调：暗调的色彩明度大大低于亮面，主要由降调的固有色、环境色及光源色的互补色组成。

反光：受环境光影响的暗调，色调通常与亮面呈互补关系，即物体的亮面为冷色调时，其反光多为暖色调。

（二）投影的程式化表现

投影就是一个受光物体投射在另一个物体上的影子。投影不仅有利于表现物体本身的形态特征，同时还可以赋予表现图以生命，使得画面更加真实、可信，并增加画面的感染力。

一般来说，投影是物体暗部阴影投射到与之接触的水平面上，或者在接触到的顶面、地面的情况下，它的形状直接受制于形体性质、形态特征和接触面的状态。也就是形体受光线照射在与之接触的面上形成的阴影。在利用投影增加物体真实感时，可以利用的程式化的表现方式主要有以下三种：

1. 真实形态的投影

形体接受主光源照射，出现投影的形状和形体同态的真实性形式，也就是通过严格的投影作图方式得到的在接触面上的形象。这种真实形态的投影的表现，目的在于更好地表现物体的形态特征，使物体具有更强的空间感和立体感。

2. 相对位置投影

形体接受主光源照射，投影出现在形体的暗部，但投影的形态和面积不考虑形体的形态，成为表现形体空间感和质量感的表现形式。这类投影表现多作为对形体立体感、空间感的增强来使用。

3. 衬托投影

投影完全摆脱主光源和形体中各元素的制约，投影的位置、形状及大小完全由设计师主观选择决定。

三、色彩

在表现产品时，产品的色彩一般是固定的，因此，在色彩表现方面主要考虑的是光线的色彩，它的设定对于表现对象的色彩以及整个画面的色调都有很大的影响。一般情况下，我们常将光源设定为白光，这样就不用再考虑色温对于产品色彩的影响，减少表现的复杂性，同时产品更多的也就表现出自身材料的固有色彩，体现自身色彩魅力。在实际表现中，除主要光源外，环境的光线对于产品表面的色彩也有影响。产品受环境光的影响其表面色彩的变化是非常微妙的，一般在表现的时候把这些色彩变化进行归纳，简单地予以表现，忽略其色彩的丰富变化，或者干脆不考虑，只表现产品本身的固有色彩，取舍手段视表现目的的不同而定。

在表现产品时，可以表现产品周围的环境，简单或复杂均可，也可以将环境简化成一定的抽象背景，如色块或线条等，或者干脆不表现环境而只表现产品本身。只是简单地增加一些线条进行投射的表现。但是在表现产品时，如果将产品放置在其具体的使用环境中，表现出它与环境的关系，会增加产品表现的说服力。

四、质感

质感是指材料给人的感觉和印象，是人对材料刺激的主观感受，是人的感觉系统因生理刺激对材料做出的反应或由人的知觉系统从材料的表面特征得出的信息，是人们通过感觉器官对材料得出的综合的印象。

质感设计的形式美法则。形式美是美学中的一个重要概念，是从美的形式发展而来的，是一种具有独立审美价值的美。广义讲，形式美就是生活和自然中各种形式因素（几何要素、色彩、材质、光泽、形态等）的有规律组合。形式美法则是人们长期实践经验的积累，整体造型完美统一是形式美法则具体运用中的尺度和归宿。

所以，对质感的认识，应该从对材料的局部认识过程过渡到对造型物体整体质感的认识。材料的质感设计虽然不会改变造型物体的形体，但由于材料的肌理和质地具有较强的感染力，而使人们产生丰富的心理感受，这也是当今建筑和工业产品中广泛应用装饰材料的原因。

第二节 产品设计二维表达

作为设计师的特殊语言，平面二维表达是指在一定的设计思维和方法的指导下，在平面的介质（如纸张、计算机软件界面等）上通过特殊的工具（如铅笔、马克笔、色粉、水粉等）将抽象的概念视觉化。它既需要直观地表现产品的外观、色彩、材料质感，还要表现出产品的功能、结构和使用方式。在产品创新设计过程中，由于有太多的不确定因素，需要经过多次论证、修改，这种特殊性要求产品的表现有别于纯绘画艺术或其他表现形式。平面表达除了是快速表达构想、传达真实效果的无声语言外，还是推敲方案、延伸构想、进行良好沟通的手段。

一、手绘效果图设计

手绘效果图是一项程式化很强的工作，它对绘制者的美术基本功要求较高，而且对绘制工具、场地、环境也有较高的要求。要绘制一幅效果逼真、充满艺术性的产品效果图，要通过大量的练习才能达到，这也是手绘效果图在当今有被人忽略趋势的原因。但是，对于具有良好的艺术基础的设计师来说，快速的手绘效果图表现能产生意想不到的效果。手绘效果图在应用工具上不仅有艺术家使用的各种纸、笔、颜料等，也有工程师使用的各种精密绘图工具；在表现上既要体现艺术性，同时还应具有工程性、严谨性及规范性。

在传统的手绘表现技法中，根据使用的绘画材料性质的不同，一般可以把手绘表现形式分为湿性画法和干性画法两类。

（一）湿性画法

湿性画法就是利用水彩、水粉、透明水色等水溶性颜料在纸面未干的状态下进行作画的表现方法。湿性画法由于使用的是传统的常见颜料和工具，且价格便宜，很长时间内都占据着主流地位。随着绘制材料、工具的不断更新和市场对于设计环节时间的缩减以及本身存在的对于绘画基本功、纸张、工具、作画条件、绘制程序等方面的严格要求，湿性画法近年来已经有被干性画法取代的趋势。常用的湿性画法表现技法有：

1.水彩表现技法

水彩画以水为媒介调和颜料在特定的水彩画纸上作画，水彩画色彩轻快、透明、水分丰润，给人以洒脱、淡雅、舒畅的审美感受。

水彩画有三个要素：水分、时间、颜色。

2.水粉表现技法

与水彩表现相比，水粉表现的历史短，但是由于水粉画色彩鲜明强烈，可覆盖性强，表现产品的真实感强，而且对纸张、环境等的要求也比水彩的要求低，所以水粉表现技法在实际的学习和使用中占有较重要的地位。

3.钢笔淡彩表现技法

钢笔淡彩表现技法就是用钢笔勾勒出设计产品的结构、造型的轮廓线，然后再施以淡彩，表现出物体的光与色的关系，从而获得生动活泼的单色立体和多色立体的画面效果。钢笔淡彩表现技法简单易学，画面效果简洁明快，对工具和材料要求不高，因此被广泛地应用于生活日用品、家用电器、家具、室内装饰、服装等设计领域。

4.喷绘表现技法

喷绘表现技法的基本原理是利用高压气流将颜料雾化后，喷洒到纸面上。这种技法可以得到色彩均匀、过渡柔和、形象逼真、精确细致的效果。但是喷绘表现技法工艺操作比较麻烦，还需要刻制各种模板，不像其他画种易于操作，现在很少应用于效果图的表现中。

5. 透明水色表现技法

透明水色又称照相色，是一种研磨得很细的化学颜料。它的特点是色泽鲜艳，纯度极高，用水调和后绘制表现效果明快、清新。但由于透明水色不具备覆盖性，大面积作画后很难修改，加上对绘画功底要求较高，所以，现在使用得也很少。

（二）干性画法

干性画法就是利用铅笔、钢笔、色粉、马克笔等干性材料在不使用或尽量少使用水的情况下作画。随着市场经济的不断发展，产品设计开发的周期越来越短，传统的湿性画法表现已暴露出明显的不足，而干性画法因其使用方便，画面简洁明快，制作迅速等优点成为适应现代设计开发过程的良好表现手段。

一般来说，干性画法包括：

1. 铅笔表现技法

铅笔作为绘画的基本工具使用起来方便、快捷，易于掌握，而且还可以对绘制作品随时改动，深受设计师青睐。

彩色铅笔根据笔芯性质分为两类：一类是蜡质，质地比较软，不溶于水，表现力一般，但价格便宜；另一类是粉质，通常由高吸附性的材料制成，溶水性好，也称为水溶性彩铅。水溶性铅笔着色时可以蘸水使用，能够表现出细腻的渐变效果，多用来刻画产品细节。

彩色铅笔的画法基本步骤是在单线稿完成后，用彩色水溶性铅笔画出产品的固有色和形体的体面转折、空间层次等素描关系。这种表现方法与素描一样，需要模拟一个主光源，画出明暗关系。着色由浅入深、分层次进行。特点是干净利落，结构清晰，色彩变化柔和、细腻。但是它的性质也决定了它不宜用于绘制大幅的产品效果图。

2. 钢笔表现技法

钢笔表现技法是使用钢笔或圆珠笔进行设计表现的一种方法，主要利用钢笔或圆珠笔的线条疏密，排列轻重，结合点、揉、擦、刮的技法来绘制的效果图。

钢笔表现技法利用线条的粗细、疏密、交叉和点的大小、排列的疏密来表现物体的形体结构、空间透视、明暗层次及质感。这种表现技法具有表现产品形象细腻、丰富，对工具、场地要求简单等特点。但它对绘制者的绘画和运笔基本功要求较高，短期内不易掌握。

3. 色粉表现技法

色粉表现技法是从汽车设计行业开始应用于各种设计表现中。色粉的主要特点是可以绘制出大面积光滑的过渡面和柔和的反光，绘制各种双曲面等复杂形体，同时善于刻画玻璃、高反光等材质。

色粉常表现为长方形用色粉粉末压成的小棒，颜色从几十色到几百色不等，一般分为纯色系、冷灰和暖灰色系。色粉的品牌较多，国内品牌的色粉偏硬，颗粒不够细腻，色彩纯度也不高，一般多用于学生练习。商业制作效果图一般使用国外品牌，如日本樱花牌，它的特点就是颗粒细腻，颜色纯度高且溶于水，适合深入刻画。

色粉在使用中应配合使用辅助粉（婴儿爽身粉）进行绘制，绘制过程中利用低黏度薄膜对绘制好的部分区域进行遮挡保护，绘制结束后用色粉定画喷剂使浮在表面的色粉粉末很好地附着在纸面上。

4. 马克笔表现技法

马克笔又称记号笔，由于它携带、使用方便，色彩鲜艳、亮丽，使用的颜色挥发快、易干，且所画色彩均匀，不变色，因此也被广泛地应用于各种设计领域。

马克笔根据性质的不同，常分为：

（1）水性

没有浸透性，遇水速溶。性质如水彩，不宜反复涂抹，颜色叠加易产生灰浊效果。在作画时笔触比较明显，效果不如后面两种，但是价格便宜，较适合用于平时训练。

（2）油性

通常以甲苯为溶剂，具有渗透性，挥发较快，可适用于任何表面。由于它不亲水，所以可以和水性马克笔混合使用而不破坏它的笔触。

（3）酒精性

具有挥发性且具有强烈的气味，颜色艳丽，透明度高，笔触过渡平滑、柔和，浸透性介于上面两者之间。

马克笔的颜色主要分为灰色系和彩色系两大类，每一个品牌都有两百多种，在选购时可以根据色度的深浅，在灰色系和彩色系中挑选10种左右即可。

利用马克笔可以表现出多种效果，如色彩的退晕效果、平涂、多种色相的渐变等，它适合于快速勾画大面积明亮、单一的色块，但对于细节刻画和色彩变化却难实现效果。具体使用时可以根据需要结合使用彩色铅笔、水粉等工具进行完善。

各种传统的表现技法，每种都有明显的使用特点和优点，但同时也都存在一些不足。在具体的使用过程中，可以根据具体的需要进行综合表现，如马克笔常和色粉结合快速表现产品效果，还有彩色铅笔和马克笔的结合，各种表现技法的自由组合。通过各种手段的综合使用，使画面达到预想的效果。

二、计算机辅助设计

随着计算机性能的发展以及软件功能的不断开发，设计领域出现了全新的工作模式——计算机辅助设计。计算机辅助设计具有精密准确，处理速度快，质感逼真等一系列特点，同时它不仅可以制作静态的图像，也可以制作动态的三维影像。根据各种计算机辅助设计表现使用的软件和最终表达效果的不同，可以把工业设计二维表现技法分为两类：利用二维矢量、位图软件制作，利用三维建模软件制作。

（一）二维表现软件

常用的二维表现软件包括矢量软件 CorelDraw、Illustrator 等，利用这些软件在二维空间内利用透视、光影、色彩、环境的处理等表现设计师头脑中虚拟三维空间内的立体形态。在这些二维表现软件中，主要是利用软件进行外轮廓的矢量绘制，然后通过颜色填充进行各区域的色彩变化填充，通过模拟表现物体在真实状态下形体上的明暗、色彩、阴影、透视等变化来达到真实表现的效果。

常用的位图绘制软件 PhotoShop 不仅作为二维平面内位图效果的表现软件，同时还可以对三维建模软件得到的图形进行二维平面内的各种修改，使其效果更接近真实和更富艺术性。该软件与矢量软件相比，在绘制过程中对于色彩的处理和使用功能更强大，也能表现出更为真实、细腻的效果。

对于二维表现软件，在设计表现之初，设计者就应该在头脑中有产品在一定状态下的清楚状态，包括色彩变化、明暗变化、透视变化等，二维软件最终只是将设计者头脑中的形象通过现代表现技术实现出来，它对设计师的造型能力和想象能力具有较高的要求。

二维矢量软件和位图软件两者在表现产品效果时各有特色。矢量软件表现效果优于位图软件，可以进行无限放大而不影响显示效果，因此，在制作一些需要大幅面打印输出或显示效果时会考虑选择矢量图，但是它的表现效果一般不如位图细腻、丰富，对于细节的刻画不够饱满。两者各有优缺点，在具体使用时可以根据使用要求、环境和个人对软件的掌握、理解程度进行选择使用或综合使用。

（二）三维表现软件

三维表现软件主要是利用三维建模技术在模拟空间内实现物体形态的再现，同时通过设置工具对其进行色彩、材质、环境的赋予，以达到接近真实的效果。与二维表现软件不同的是三维表现软件明暗、色彩、材质等的变化可以通过软件工具进行选择调节，在表现时表现者可以根据具体要求进行选择，而不需要设计者根据自己的理解、经验进行模仿表现。

常用的三维表现软件有 Rhino3D、3ds Max，Pro／E、catia 等。这些软件都具有强大的建模功能，基本可以实现表达形体的效果。但是在实际应用中，三维表现软件更多是和数控加工或快速成型相联系，所以在表现时也会根据实际的表现要求对各种软件进行选择。

第三节　产品设计三维表达

在产品创新设计过程中，无论是传统的手绘效果图，还是计算机绘制的二维效果图都与真实的产品事物之间存在着很大的差别。一个在纸上看上去合理的设计形态，可能在做成立体实物后发现与原来的设计构思大不相同。出现这一问题的原因在于人们从平面到立体之间的直觉转换存在着误差。

三维表达就是运用材料、结构、加工工艺等某种对立统一的关系，确立实体表现的方法，它弥补了二维平面上理解会出现的误差。在产品创新设计过程中通常指模型、产品样机制作等。三维表现运用了三维形态真实地反映三维空间中物体的尺度、比例、细节、材料、技术、表面处理等因素的合理性，比平面表达更加准确和深入，因此，也为进一步的评估和设计提供了更多的信息和技术依据。

产品模型是产品设计过程中的一种表现形式，制作模型的目的是将设计师的设计构思与意图以形体、色彩尺度、材质等具体化的标准进行整合，塑造出具有三维立体空间的形体，从而以三维形体的实物来表达设计构思，并与工程技术人员进行交流、研讨、评估以及进一步调整、修改和完善设计方案，为检验设计方案的合理性提供有效的实物参照。也为制作产品样机和产品投产提供充分的、行之有效的实物依据。

一、快速成型

快速成型技术 RP（Raipd Prototyping）是制造技术领域的一次重大突破，其对制造业的影响可与数控技术的出现相媲美。RP 系统综合了机械工程、CAD、数控技术、激光技术及材料科学技术，可以自动、直接、快速、精确地将设计思想转化为具有一定功能的原型或直接制造零件，从而可以对产品设计进行快速评价、修改及功能试验，有效地缩短了产品的研发周期。而以 RP 系统为基础发展起来并已成熟的快速磨具工装制造技术、快速精铸技术、快速金属粉末烧结技术，则可实现零件的快速成型。

RP 是由 CAD 模型直接驱动的快速制造任意复杂形状三维物理实体的技术总称，其基本过程是：首先设计出所需零件的计算机三维模型（数字模型、CAD 模型），然后根据工艺要求，按照一定的规律将该模型离散为一系列有序的单元，通常在 Z 向将其按一定厚度进行离散（习惯称为分层），把原来的三维 CAD 模型变成一系列的层片；再根据每个层片的轮廓信息，输入 IJUT 参数，自动生成数控代码；最后由成型系统成型一系列层片并自动将它们连接起来，得到一个三维物理实体。

RP 技术结合了众多当代高新技术：计算机辅助设计、数控技术、激光技术、材料技术等，并将随着技术的更新而不断发展。目前，已出现的 RP 技术的主要工艺有：

（一）SL 工艺：光固化／立体光刻

SL 工艺，由 Charles Hull 于 1984 年获美国专利。1986 年美国 3D Systems 公司推出商品化样机 SLA-1，这是世界上第一台快速成型系统。SLA 系列成型机占据着 RP 设备市场的较大份额。SL 工艺是基于液态光敏树脂的光聚合原理工作的。这种液态材料在一定波长（325 或 355nm）和强度（w=10 ~ 400mw）的紫外光的照射下能迅速发生光聚合反应，分子量急剧增大，材料也就从液态转变成固态。液槽中盛满液态光固化树脂，激光束在偏转镜作用下，能在液态表面上扫描，扫描的轨迹及激光的有无均由计算机控制，光点扫描到的地方，液体就固化。成型开始时，工作平台在液面下一个确定的深度，液面始终处于激光的聚焦平面，聚焦后的光斑在液面上按计算机的指令逐点扫描，即逐点固化。当一层扫描完成后，未被照射的地方仍是液态树脂。然后升降台带动平台下降一层高度，已成型的层面上又布满一层树脂，刮平器将黏度较大的树脂液面刮平，然后再进行下一层的扫描，新固化的一层牢固地粘在前一层上，如此重复直到整个零件制造完毕，得到一个三维实体模型。

SL 方法是目前 RP 技术领域中研究得最多的方法，也是技术上最为成熟的方法。一般层厚在 0.1 ~ 0.15mm，成型的零件精度较高。多年的研究改进了截面扫描方式和树脂成型性能，使该工艺的加工精度能达到 0.1mm，现在最高精度已能达到 0.05mm。但这种方法也有自身的局限性，比如，需要支撑，树脂收缩导致精度下降，光固化树脂有一定的毒性等。

（二）FDM 工艺：熔融挤出成型

熔融挤出成型（FDM）工艺的材料一般是热塑性材料，如蜡、ABS、PC、尼龙等，以丝状供料。材料在喷头内被加热熔化。喷头沿零件截面轮廓和填充轨迹运动，同时将熔化的材料挤出，材料迅速固化，并与周围的材料黏结。每一个层片都是在上一层上堆积而成，上一层对当前层起到定位和支撑的作用。随着高度的增加，层片轮廓的面积和形状都会发生变化，当形状发生较大的变化时，上层轮廓就不能给当前层提供充分的定位和支撑作用，这就需要设计一些辅助结构——"支撑"，对后续层提供定位和支撑，以保证成型过程的顺利实现。这种工艺不用激光，使用、维护简单，成本较低。用蜡成型的零件原型，可以直接用于失蜡铸造。用 ABS 制造的原型因具有较高强度而在产品设计、测试与评估等方面得到广泛应用。近年来又开发出 PC，PC／ABS，PPSF 等更高强度的成型材料，使得该工艺有可能直接制造功能性零件。由于这种工艺具有一些显著优点，发展极为迅速。

（三）SLS 工艺：选择性激光烧结

SLS 工艺又称为选择性激光烧结。SLS 工艺是利用粉末状材料成型的。将材料粉末铺撒在已成型零件的上表面，并刮平；用高强度的 CO_2 激光器在刚铺的新层上扫描出零件截面；材料粉末在高强度的激光照射下被烧结在一起，得到零件的截面，并与下面已成型的部分黏结；当一层截面烧结完后，铺上新的一层材料粉末，选择性地烧结下层截面。

SLS 工艺最大的优点在于选材较为广泛，如尼龙、蜡、ABS、树脂裹覆砂（覆膜砂）、聚碳酸酯（poly carbonates）、金属和陶瓷粉末等都可以作为烧结对象。粉床上未被烧结部分成为烧结部分的支撑结构，因而无须考虑支撑系统（硬件和软件）。SLS 工艺与铸造工艺的关系极为密切，如烧结的陶瓷型可作为铸造之型壳、型芯，蜡型可做蜡模，热塑性材料烧结的模型可做消失模。

（四）LOM 工艺：分层实体制造

LOM 工艺又称为分层实体制造，LOM 工艺采用薄片材料，如纸、塑料薄膜等。片材表面事先涂覆上一层热熔胶。加工时，热压辊热压片材，使之与下面已成型的工件黏结；用 CO_2 激光器在刚黏结的新层上切割出零件截面轮廓和工件外框，并在截面轮廓与外框之间多余的区域内切割出上下对齐的网格；激光切割完成后，工作台带动已成型的工件下降，与带状片材（料带）分离；供料机构转动收料轴和供料轴，带动料带移动，使新层移到加工区域；工作台上升到加工平面；热压辊热压，工件的层数增加一层，高度增加一个料厚；再在新层上切割截面轮廓。如此反复直至零件的所有截面黏结、切割完，得到分层制造的实体零件。

LOM 工艺只须在片材上切割出零件截面的轮廓，而不用扫描整个截面。因此，成型厚壁零件的速度较快，易于制造大型零件。零件的精度较高（＜0.15mm）。工件外框与截面轮廓之间的多余材料在加工中起到了支撑作用，所有 LOM 工艺无须加支撑。

（五）3DP 工艺：三维印刷

三维印刷（3DP）与 SLS 工艺类似，采用粉末材料成型，如陶瓷粉末、金属粉末。所不同的是材料粉末不是通过烧结连接起来的，而是通过喷头用黏结剂（如硅胶）将零件的截面"印刷"在材料粉末上面。用黏结剂黏结的零件强度较低，还需后处理。具体工艺过程如下：上一层黏结完毕后，成型缸下降一个距离（等于层厚 0.013 ~ 0.1mm），供粉缸上升一高度，推出若干粉末，并被铺粉辊推到成型缸，铺平并被压实。喷头在计算机控制下，按下一建造截面的成型数据有选择地喷射黏结剂建造层面。铺粉辊铺粉时多余的粉末被集粉装置收集。如此周而复始地送粉、铺粉和喷射黏结剂，最终完成一个三维粉体的黏结。未被喷射黏结剂的地方为干粉，在成型过程中起支撑作用，且成型结束后，比较容易去除。该工艺的特点是成型速度快，成型材料价格低，适合做桌面型的快速成型设备。并且可以在黏结剂中添加颜料，可以制作彩色原型，这是该工艺最具竞争力的特点之一，有限元分析模型和多部件装配体非常适合用该工艺制造。缺点是成型件的强度较低，只能做概念型使用，而不能做功能型试验。

（六）PCM 工艺：无模铸型制造

无模铸型制造技术（Patternless Casting Manufacturing，PCM）是由清华大学激光快速成型中心开发研制的。将快速成型技术应用到传统的树脂砂铸造工艺中来。首先从零件 CAD 模型得到铸型 CAD 模型。由铸型 CAD 模型的 STL 文件分层，得到截面轮廓信息，再以层面信息产生控制信息。造型时，第一个喷头在每层铺好的型砂上由计算机控制精确地喷射黏结剂，第二个喷头再沿同样的路径喷射催化剂，两者发生胶联反应，一层层固化型砂而堆积成型。黏结剂和催化剂共同作用的地方型砂被固化在一起，其他地方型砂仍为颗粒态。固化完一层后再黏结下一层，所有的层黏结完之后就得到一个空间实体。原砂在黏结剂没有喷射的地方仍是干砂，比较容易清除。清理出中间未固化的干砂就可以得到一个有一定壁厚的铸型，在砂型的内表面涂敷或浸渍涂料之后就可用于浇注金属。

和传统铸型制造技术相比，无模铸型制造技术具有无可比拟的优越性，它不仅使铸造过程高度自动化、敏捷化，降低工人劳动强度，而且在技术上突破了传统工艺的许多障碍，使设计、制造的约束条件大大减少。具体表现在以下方面：制造时间短，制造成本低，无须木模，一体化造型，型、芯同时成型，无拔模斜度，可制造含自由曲面（曲线）的铸型。

二、虚拟工业设计系统

基于虚拟现实技术的工业设计是一种以现代信息技术为基础，利用虚拟现实技术和现代先进制造技术的产品设计方法。它以三维虚拟数字模型为信息的载体，协同多人工作。数字模型与虚拟现实设备（立体眼镜、头盔显示器、数据手套、跟踪器等）及投影设备结合在一起，生成产品的虚拟世界，通过视觉、听觉和嗅觉等作用于用户，使用户产生身临其境的感觉，每个用户对虚拟产品的操作和修改都可以及时地在数字模型上体现，从而实现了人与人之间、人与机器之间的信息交互。

应用虚拟工业设计系统进行产品设计，可以实现草图—效果图—模型全过程的交互和可逆，可以在网上建立互动的虚拟模型用于设计研究；虚拟模型可以作为虚拟产品让顾客试用，在线统计试用信息，分析流行趋势，极大地缩短产品开发的时间，降低开发新产品的风险。通过虚拟工业设计系统，将设计师的理念和作品以平常人可以理解的方式传达，极大地提高了信息交互的深度、广度和速度，这是现代设计技术发展的大趋势。

设计表达能力是从事工业设计工作所必备的能力，掌握了它，对设计创新思维与设计组织有极大的帮助，同时，设计表达能力也是人们表达能力中最专业和高层次的能力。

参考文献

[1] 熊杨婷，赵璧，魏文静 . 产品设计原理与方法 [M]. 合肥：合肥工业大学出版社，2017.

[2] 唐开军 . 产品设计材料与工艺 [M]. 北京：中国轻工业出版社，2020.

[3] 王星河 . 产品设计程序与方法 [M]. 武汉：华中科技大学出版社，2020.

[4] 李雄作 . 工业产品设计草图 [M]. 北京：中国铁道出版社，2020.

[5] 任成元 . 产品设计手绘效果图 [M]. 北京：中国纺织出版社，2020.

[6] 胡俊，胡贝 . 产品设计造型基础 [M]. 武汉：华中科技大学出版社，2017.

[7] 王林 . 产品设计手绘表现技法 [M]. 镇江：江苏大学出版社，2020.

[8] 田莉蓉 . 机载电子产品设计保证实践 [M]. 北京：航空工业出版社，2020.

[9] 秦玉龙 . 创新产品设计表现 [M]. 青岛：中国海洋大学出版社，2017.

[10] 陈文龙，沈元 . 产品设计 [M]. 北京：中国轻工业出版社，2017.

[11] 刘斐 . 产品设计思维 [M]. 上海：上海科技教育出版社，2019.

[12] 吴春茂 . 生活产品设计 [M]. 上海：东华大学出版社，2019.

[13] 李西运，于心亭，陈默，胡林 . 产品设计手绘技法 [M]. 北京：科学技术文献出版社，
    2019.

[14] 钟元 . 面向成本的产品设计 [M]. 北京：机械工业出版社，2019.

[15] 杨静 . 文创产品设计与开发 [M]. 长春：吉林美术出版社，2019.

[16] 任成元 . 产品设计视觉语言 [M]. 北京：北京理工大学出版社，2019.

[17] 招霞 . 产品设计实用配色手册 [M]. 南京：江苏凤凰美术出版社，2019.

[18] 王艳群，张丙辰，宋丽姝 . 产品设计手绘与思维表达 [M]. 北京：北京理工大学出版社，
    2019.

[19] 包泓，刘腾蛟 . 产品设计思维与方法研究 [M]. 北京：北京工业大学出版社，2019.

[20] 王坤茜 . 产品设计方法学 [M].3 版 . 长沙：湖南大学出版社，2019.

[21] 郑路，佟璐琰，陈群 . 产品设计程序与方法 [M]. 石家庄：河北美术出版社，2018.

[22] 张峰 . 产品设计基础解析 [M]. 北京：中国时代经济出版社，2018.

[23] 邹玉清，周鼎，李亦文 . 产品设计材料与工艺 [M]. 南京：江苏凤凰美术出版社，2018.

[24] 张艳平，付治国，张晓利 . 产品设计程序与方法 [M]. 北京：北京理工大学出版社，2018.

[25] 霍治乾 . 产品设计与商业应用 [M]. 汕头：汕头大学出版社，2018.

[26] 刘震元 . 产品设计程序与方法 [M]. 北京：中国轻工业出版社，2018.

[27] 孙楠，高原，汪成哲 . 产品设计与思维表达 [M]. 长春：吉林大学出版社，2017.

[28] 单军军，石上源 . 产品设计手绘表现 [M]. 沈阳：辽宁科学技术出版社，2018.

[29] 朱炜，卢晓梦，杨熊炎 . 产品设计方法学 [M]. 武汉：华中科技大学出版社，2018.

[30] 苏海海 . 互联网产品设计 [M]. 北京：中国铁道出版社，2018.